當**數位轉型**碰上
生成式AI

臺灣150家企業
轉型的策略性思維和變革實務

蔣榮先

——

著

推薦序

為什麼我們需要「數位轉型」？

行政院人事行政總處人事長　蘇俊榮

　　諸行無常，世上唯一不變之事，就是世界自身的改變。人類自三、四百萬年前行進至今，一路上歷經無數次自身、技術、工具的演化，不曾離開過變革之道。如果您也曾一同經歷過跨入千禧年的那一刻，不妨試著回想當時：AI在當時對一般市井百姓來說，恐怕都還只是存在於科幻小說或神祕高科技實驗室之內的遙遠概念。不過如今，TESLA頂著自駕光環，氣勢萬鈞駛入全球市場；ChatGPT一夕成為舉世皆知，人人可用的AI工具。曾經遙不可及的幻想，正在前人的積累和推進中，逐漸實現在您我的日常，其背後所依據的海量數據演算技術和數位科技，正是當代的顯學和利器。然而，就如每一個武俠故事所描述，如果沒有武功心法為憑，即使空有名劍利刃，也難以成就大俠一代偉業。在這個貨暢四海、人通八方的扁平世界，如何能夠在群雄盡出、百家爭鳴的紅海競爭中留下自己的一席之地，對於創業家、管理決策者而言，是無比艱鉅的考驗。

　　政府做為公共事務的推動者、管制者、規範者，在少子化、高齡化、經濟景氣、貿易、國際政治……等各種環境變化的複雜脈絡下，所面臨各界對政府作為的急切需求，也是日復龐雜而盤

根錯節。如何以有限的人力資源達成任務，work smart 很重要！以政府人力資源管理為例，近年來，我們從公務人員考試錄取、分發、派免、考績、獎懲到退休，整個公職生命週期的各個環節，和考試院攜手合作、分頭並進，逐步進行業務和相關證書的數位化，將長期以來標準化、例行性的實體人工作業，逐步轉化為更快、更便捷的雲端電子化作業；對於過往因經費不足而無法脫離人工差勤作業方式的地方機關，我們在人事總處推動了地方共用差勤系統，透過資源共享，不僅可以改善、簡化人事差勤管理的作業流程，數位化所帶來的海量數據累積，勢必也將能成為未來公部門人力資源管理時，數據分析決策的可靠依據。又再以過去財政部所推動網路報稅及發票電子化為例，透過創造既有數據的活化運用及多方政府部門系統的合作介接，於提供便民服務的同時，也強化了政府執法、推動公共事務的精確度和效能。在諸此變革的起心動念和推動過程中，當屬觀念的改變最為重要，先有「人」的觀念改變，才有可能帶動流程改變，進而帶來「業務」的變革。而克服觀念、思考、行動上的慣性，塑造彈性而靈活的開放思維，又是變革之初必然會面臨的首要關隘。也就是我一直以來向同仁、夥伴們提到的創新＆數位 DNA ！

　　蔣教授本書中以 AI 的發展歷程為始，在技術發展背景的脈絡下，帶領讀者從產業發展的角度，從心態到環境，由內而外逐層分析、定義推動產業數位轉型的重要觀念和思考順序，結合與國內不同領域傳產業界的互動及技術導入經驗，梳理出從數位化、數位優化到完成數位轉型的可能策略方向，不啻為混沌前路中的一盞引路燈，引領著大家循序思索前行。而其中所蘊涵的策略

性思維和變革精神，或許更是值得讀者反覆推敲、玩味的內功心傳，無論是對於傳產業界或是其他領域中的有志前行者，都可以從其中獲得啟發。

　　最後，邁向數位轉型，固然是本書的核心旨趣。但在看似零和的業界環境下，如果轉念觀想，除了競爭之外，大家亦是在同一條船（地球）共享資源、相互扶持的存在。正如同本書結語所言，達成數位轉型並不只是為了效能，也是為了邁向永續共好。無論是前文所提及的人事業務電子化、共享差勤系統，還是網路報稅、發票電子化，除了提升效率之外，減少用紙、減少因為實體行政作業所衍生的各種碳排放，也是我們重視和期望發展的方向。數位轉型（Digital Transformation, DX）不會是產業發展、進步的終點，而是讓大家一起邁向永續轉型（Sustainable Transformation, SX）的起點，為了彼此和下一代的永續共好，我們一起努力！

推薦序

用教學及審查經驗寫出的產業故事

數位發展部數位產業署署長　呂正華

　　榮先兄是 30 年前在美國拿到 AI 博士學位，也就是他在某一篇文章所稱的「第二波 AI 末代傳人」，因為當年美國與蘇聯冷戰結束不久，矽谷的網際網路產業當道，所有的類神經網路與機器學習演算法都被打入冷宮，沒有人想像得到 AI 真的要做什麼；就如同榮先兄貼切的形容，AI 博士就像辛頓（Hinton）教授一樣，確實已經把學習演算法設計好了，唯獨缺計算力和足夠的訓練資料。

　　時至今日，算力、算法的快速增長，資料與數據分析已經可以快速地進行，2022 年 11 月 30 日 OpenAI 發表 ChatGPT，不到一週突破百萬用戶。2023 年 3 月 14 日公布更強大的 GPT4 的大型語言模型（LLM, Large Language Model），生成式 AI 為各行各業帶來無限機會與挑戰，而數位轉型也在這個時間點是企業永續生存之必要作為，如何善加運用數位技術和創新思維來實現成功的數位轉型，是所有廠商必須面對的課題。

　　製造業及零售、物流、餐飲、長照、食品、紡織、資源再生等產業，在面臨嚴峻的市場競爭和消費者需求不斷變化下，榮先兄以其數位和教學及審查的豐富經驗，用生動的筆觸寫下數位轉型的解決方案，例如在製麵機的案例中，他提及食品製造業者一

直在苦思是否可能將製麵機打造成為星巴克的咖啡機一樣，能夠生產品質均一而且可以客製化選擇款式的「麵」；服務業則是可以利用數據分析和智能科技提升消費者體驗，打造個性化購物歷程，實現線上與線下無縫整合。

數位轉型必須循序漸進，不可能一步到位，但轉型如同轉骨，一定會有陣痛期，誠如書中所提，數位轉型的關鍵不在電腦、系統、策略，而在人，主事者推動數位轉型的同時，也須全力支持員工，建立數位文化；而數位化工具沒有最好，只有最適合，找出痛點並找到適合企業體質之數位工具，方能提升企業競爭力。

透過閱讀本書，可以啟發企業家和領導者們在數位時代中創造價值和競爭優勢，加速企業數位轉型進程，各行各業一起踏上從AI到DX的旅程，開拓數位時代的無限潛力！

目次

自序與致謝

一場AI盛宴，一個數位轉型時代的契機

　　日前，在受邀主持一場生成式AI新書《AI醫療革命：GTP4與未來》的發表會上，我的開場詞是這樣的：「昨天特別使用ChatGPT整理了三個問題來請教與談的貴賓，我使用的指令是：你是一位對智慧醫療很感興趣的人，最想問專家哪三個問題？」當我讀完AI提出的問題後，全場雀躍不已。

❖ 傳說中的「生成式 A I」真的來了

　　一年之前，我是這麼使用AI語音指令操控的：每天早上七點鐘一進辦公室，我立刻喊數位助理Alexa，讓它讀當天的全球新聞給我聽；若是聽到重要或是感興趣的新聞時，就喚醒Google Nest Hub智慧螢幕，請它立即播放即時的採訪報導或是CNN、DW新聞及路透社專訪報導來觀看，讓我快速瀏覽新聞的細節。

　　我是個典型的素人電腦科學家，最擅長的專業是人工智慧，能夠有機會細說AI的一再崛起，是超開心的事。

　　AI近年來引領產業全面升級，並且正在塑造全新的產業環境及模式，而從另外一個層面來看，產業數位轉型（DX）則在於使企業重新定義商業模式、營運流程與客戶體驗，並且進一步找到全新提升競爭力與創造營收的方式，以鋪天蓋地的數位化、智慧

化、數位轉型的形式，全面攻占企業負責人的待辦事項最前端。看似各大企業都在關注，也進行得如火如荼，但為什麼還有極高比例的轉型障礙？為什麼很多產業知道要數位轉型，卻做不到？數位轉型不是什麼了不得的技術，但是成功之後，我當然要把它當作不傳之祕，因為企業間有太多的「點破不值錢的技法」，能夠真正願意開誠布公、手把手地傾囊相授的人真的不多。

我們都看得出來，台灣企業想要留住年輕人才，就必須讓數位轉型的腳步更快，就得加速上雲端、累積關鍵數據，透過發展 AI/DX 來實現數位轉型的願景。機會是留給準備好的人，而 AI/DX 澈底給了台灣企業一個機會，讓國內公司可以從本地連結到海外的資源，讓大家可以在台灣一起打國際盃的競賽。然而，你了解的數位轉型真的是數位轉型嗎？可能是，也可能不是。坊間許多前輩的大作中，充滿了一般人熟知的、國外大型企業已經數位化超過 30 年之後，進行數位轉型成功的實際案例，但與國內中小企業的距離就像地球到火星一樣遠。所以，我們需要從國內的企業主的心態出發，以勸誘式的視角，循循導出本土企業的數位轉型旅程。

本書的寫作主軸將以案例解析的方式進行，當然以消費者（或使用者）的需求為中心，運用目前我們可以隨時上手的數位科技工具，來創造新服務、新市場、新通路、新產品、甚至新經濟，這些面向包括的重點，當然就是將來產業的數位韌性。

所以數位轉型成功的關鍵絕對不在電腦、系統、策略，而在「人」。

我過去曾有參與創業過兩家資訊公司的經驗，後來也有指導

的學生是上櫃公司董事長，以及現在擔任非營利機構的執行長，這一些多年來讀財報及經營管理的經驗，也為日後參與產業數位轉型埋下了伏筆。因緣際會、基於使命感受邀參與經濟部多項「產業數位轉型」專案，4年來前後親自參與了超過150家各式各樣公司的輔導與個案追蹤，從500大上市企業到3人公司，從北到南、上山下海各地都有。

市面上不乏以國外案例撰寫的數位轉型書籍，但是，以這些已經電腦化30年的國外案例來談數位轉型，對國內產業真的實用嗎？見仁見智。本書是以科普的形式來傳授本土數位轉型的實務心法，涵蓋了國內主要的12個產業別的本土案例分析，比較像是產業轉型的教戰手冊，甚至於有讓產業舉一反三的可能性。書內會以幾個犀利的故事，逐一鋪陳產業中的智慧製造與數位轉型服務之願景。

本書在寫作過程中得到許多貴人的幫助，過去近20年探索人工智慧與數位轉型，更是感謝政府機關如經濟部、數位部長期在產業數位創新或升級補助計畫經費之挹注，並感謝台北市電腦公會充滿熱情的夥伴們、資策會、食品工業研究所、中國生產力中心、聯輔基金會、國發基金等機構邀請我擔任審查委員，使我能深入產業現場，獲得許多第一手轉型成功的故事或是血淋淋的失敗經驗。

商周出版的總編輯鳳儀與筱嵐為本書做了許多協助，從策劃、編輯到校對都投入了大量心血，特別是何飛鵬執行長在這個過程中給予很多關心和指導，在此向他們致上最誠摯的感謝。

30年前在美攻讀博士學位期間，我曾參與柯林頓總統任內由

高爾副總統親自主持的「NII美國資訊高速公路建設計畫」,取得
AI博士學位後,被當時工研院以延攬海外稀少科技人才專案延聘
回國擔任研究員,當年立即投入行政院政務委員夏漢民先生主持
之「NII國家資訊與通訊科技基礎建設」專案;也是受到國家網路
建設啟發與感動而放棄在美的高薪工作,返國服務參加資訊基礎
建設的第一批資訊科技人才。

　　我的人生夢想就是希望能夠寫一本人工智慧與人類智慧競合
的科普書或是回憶錄,但現在寫回憶錄還嫌太早,所以就動筆先
完成這一本人工智慧的科普書,期待與讀者們分享。

　　個人學識有限,書中難免有疏漏及誤謬之處,尚祈讀者朋友
不吝指正。

　　　　　　　　　　　　　癸卯年夏　颱風夜伏案於府城

第一篇

數位轉型的新大航海時代來臨

第1章

AI 的源起與前世今生

生成式ＡＩ有潛力去澈底改變許多像是娛樂、健康照護、服務等產業，這在過去只能由人類做到，目前電腦正透過學習而創造出全新模式。

ChatGPT
OpenAI（2023）

Generative AI has the potential to revolutionize many industries, from entertainment to healthcare to finance, by enabling machines to create new and unique data that was previously only possible for humans to produce.

ChatGPT
OpenAI（2023）

　　1950年代，人稱「人工智慧之父」的麥卡錫教授與一群年輕電腦科學家，以先驅者的說帖發起並進行了為期一個月的「達特茅斯會議」，循腦力激盪的方式想像未來電腦科技的願景，並正式使用「人工智慧」一詞，從此便開始了 AI 的新紀元。

生成式 AI 風暴席捲全球

　　2023年10月10日，美國洛杉磯舉辦了為期三天的 Adobe MAX 展示會，這不僅是該公司一年一度的設計創意與交流會議，更令人震驚的是，「生成式 AI」的技術已經到了在產業界應用蓄勢待發之地步了；會場中不只有生成式 AI 的創意與發想，更有讓人眼睛為之一亮的實際用法，並且提供多樣的、以 AI 設計工具幫助設計師甚至一般普羅大眾來具象化個人的創意想像。

❖ 有了 AI，就有無限寬廣的想像空間

　　許多展示的創意都很有趣：用手指敲幾下鍵盤，就能以生成式 AI 自動生成一些令人讚嘆的影像；三兩下移除照片背景中的不相關人物；一鍵修改提示語，即可將該張修改好的新照片立即生成一段影片，栩栩如生的美女移動起來，不再是照片了，令人印象深刻；在一位男士隨興向前走的影片中，大家發現這位男士穿了西裝但是沒有打領帶，沒問題，只要以互動的提示語加上指定領帶的位置，生成式 AI 立即毫不含糊地創作出一款領帶，讓這位男士更加風度翩翩、儀表堂堂，真是太神奇了；還有像是端著一杯漂亮拉花的拿鐵影片，透過生成式 AI 的幫忙，能夠瞬間轉換成

幾種不同的完美拉花，令人嘖嘖稱奇。

　　最後也最精采的真人展示是一位漂亮的模特兒，她身穿一件特殊材質的時尚連身套裝，透過Adobe設計工具，設計師直接在她身上實行設計桌上的圖案選定及修改，生成的圖案、花紋逐一呈現在這位漂亮的模特兒身上不說，當模特兒移動及轉身時，圖案還會不斷地自動更換！這意味著，將來妳只要穿一件這樣的衣服，就隨時可以依照心情或是場合改變衣物的外觀。這個展示不但博得了滿堂喝采，也為服裝設計師提供了無限的想像空間。

　　這就是已經讓美國矽谷新創公司與創投業快要炸鍋了的主角，也宣示了生成式AI在產業應用的大爆發就要來了！

　　千萬不要低估了生成式AI所帶來的這一波浪潮，它不是只有在上述的設計與視覺傳達產業上大放光彩，而是可能全面撼動金融業、電子商務、資訊產業、電影工業、教育，甚至與我們息息相關的醫療照護產業的新技術，不但可以協助任何人主動快速分析大量數據，還能以驚人的速度做到大規模甚至極大規模的資料收集、自動化完成指派給它的任務，加上還可以簡化工作流程，成為一個無可替代的角色。

　　當然，最終的目的，無庸置疑就是協助人類提高生產力。

❖「人工智慧之父」夢想即將成真

　　如果此刻時間向前快轉10年，讀者可以想像每天會有這樣的生活場景：

　　在初夏的一個正常早晨，大衛被輕音樂溫柔喚醒，還沒離開床，數位祕書就以語音簡述今日的行程安排。進浴室盥洗時，智慧馬桶已完成尿液檢驗、進行健康分析且立即記錄。照鏡子整理儀容時，鏡子也同時把大衛早晨的情緒（連同昨晚睡眠狀態）傳送到家庭醫師的電腦上了；瞬間，虛擬的張醫師傳來關切的聲音，提醒大衛「早餐後記得服用維生素 B 群」。

　　大衛一邊刷牙，一邊瀏覽鏡子上自動顯示的今日工作行程，透過手勢稍做修正。盥洗完畢吃早餐時，當日行事曆中的會議議程及稍晚要拜訪的客戶簡報資料已經投影在牆上了，並配合大衛的心情播放著輕音樂。早餐後跟孩子們聊天的同時，大衛讓電腦連上遠在亞洲的製造商夥伴，和歐洲的行銷代表三方同步進行簡單的工作進度討論，並指示電腦修正一些投資者簡報的相關數據。出門前，要去矽谷總部的行車路線圖與推薦替代交通路線也都已準備好了……

　　這樣的概念，是不是和最近沸沸揚揚、OpenAI 所提供的生成式 ChatGPT [1]、Apple 公司發展的 Siri，或 Google 公司的 Home 和亞馬遜公司的虛擬助手軟體 Alexa 等產品非常相似呢？這些產品不只讓使用者可以輕鬆駕馭電腦，而且使用的所有資料既不在手上也不在桌上，而是存放在雲端。

---

1. ChatGPT 是由 OpenAI 公司開發的人工智慧聊天機器人程式，於 2022 年 11 月 30 日推出，採用基於 GPT3.5、GPT4 架構的大型語言模型，並以之強化學習訓練。ChatGPT 目前仍以文字方式與使用者互動，但是，除了可與人類自然對話，還可以用於更高階的語言工作，包括自動生成文字、自動問答、自動摘要等多種任務。

　　事實上，上述的情境早在第二次世界大戰剛結束的1950年代就有人做出類似的預測了。做出預測的不是別人，正是人稱「人工智慧之父」、當時還很年輕的達特茅斯學院數學系助理教授麥卡錫（John McCarthy），還與一群年輕電腦科學家舉行了一場腦力激盪討論會，史稱「達特茅斯會議」（Dartmouth Workshop）。這些人工智慧先驅在當時即預測未來電腦科技將澈底改變人類的生活，所有的資料可能放在眼睛看不到的地方（現稱雲端），供人隨時取用。

人工智慧的緣起

　　早期關於人工智慧的老掉牙科幻故事很多，比如第二次世界大戰期間，英軍祕密以約半間房子大小的計算器意外破解德軍密碼機器的故事（電影《模仿遊戲》的劇情便從此而來）。令人屏息的電影情節中，我們可以感受到英國數學家圖靈（Alan Turing）傳奇的一生，以及他對現代科學卓越的貢獻。

　　最早有關人工智慧的科學文獻，是圖靈在1948年發表的作品，他相信：「終究有一天，計算機或是電腦可以完全模仿人類的思維。」而這樣大膽假設的基礎，在於他相信人類思考的機制應該可以運用計算機來精確描述，或是以數學模式化來實現。

　　當然，歸根究柢，人類的智慧最不同於萬物之處就是人與人之間的互動，而大多數人類互動的資訊傳遞，都是透過「表情」與「聲音」，所以影像（視覺）的理解與語言（語意）的理解，一直是缺乏這類理解能力的「電腦」迄今最難克服的壁障。

　　然而，正如有人說：「在AI的世界裡，沒有做不到的事，只有想像不到的事。」只要發揮想像力和創造力，相信大部分的夢想必能逐一實現，讓AI的技術終能應用於實際生活之中，大幅改善人類的生活（圖1所示為人工智慧發展之歷史）。

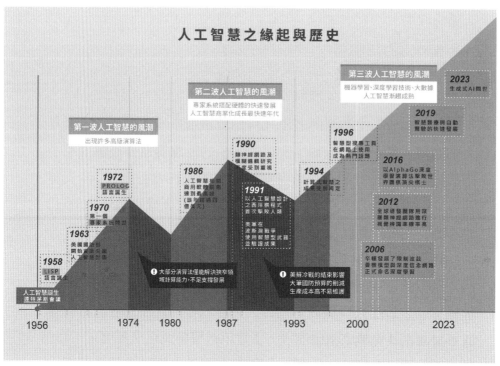

圖1：人工智慧發展之緣起與歷史（作者整理繪製）

❖ 人工智慧之父——約翰‧麥卡錫教授

距今不過數年前，電腦界痛失了一位先驅者——84歲的麥卡錫教授病逝於美國加州帕洛阿托家中。當時，我也曾在主流媒體撰文紀念他的辭世。巧的是，離他家不遠之處，正是Apple、Google與OpenAI的總部所在，也就是設計Siri與虛擬助手Home及ChatGPT的大本營。

麥卡錫教授可以說是人工智慧領域教父級的創始人物，一生獲獎無數，為人和善，人稱「約翰大叔」。我有幸曾於30年前在一場AI國際會議上，一睹麥卡錫教授年屆退休時的風采，聽他發表專題演講，印象十分深刻。會後他還不吝勉勵當時還是年輕博士候選人的我說：「人終其一生，只要做好一件有意義的事就足夠了。」言如其人，洋溢著令人欽佩的大師風範。

❖ 數位科技在未來充滿無限商機

歷史的輪迴令人嘖嘖稱奇，1980年代，美蘇數十年的冷戰戲劇性地結束時，美國國會中的民主黨與共和黨議員爭吵不休，經過數百次的公聽會，仍無法決定原來用於對付蘇聯核武的「星戰計畫」數以千億軍事預算（SDI）經費該分給誰。最後的決議，是把這筆巨額國防經費投入健康照護科技，因而使美國今日成為全世界最大的醫療產業國家。

想不到，將近40年後的今天，富可敵國的科技大廠也不約而同地將龐大的研發經費投入健康照護產業的數位轉型，期待在個人化健康照護產業時代占有一席之地，進而主導數位科技產業。

　　就連前一陣子為了修復新冠病毒疫情的重創，各國政府紛紛推出巨額經濟振興方案時，公共建設之外，也幾乎全都用在數位轉型上。光是美國政府的預算就高達 2 兆美元，相當於 60 兆台幣，創下金融海嘯以來最大規模的紓困記錄。光是這筆錢，就足夠台灣政府使用 30 年。

傳說中的生成式 AI 時代終於來臨了？

　　1950 年迄今共有三波人工智慧風潮，而你我正身處第三波人工智慧風潮時期。2016 年「阿法狗」（AlphaGo）擊敗頂尖圍棋棋士，讓全世界共同見證了人工智慧傳奇的再度崛起。2022 年底 OpenAI 發表 ChatGPT，四個月後更在 2023 年 3 月公布更強大的 GPT4 的大型語言模型（LLM, Large Language Model），生成式 AI 正為各行各業帶來無限的機會與挑戰。

　　傳說中的那個 AI 時代真的終於來臨了嗎？答案是肯定的。

　　很久很久以來，人類始終渴望能創造出一種萬能的工具，既能像人一樣聰明思考、處理事務，又永遠不會疲憊與抱怨……；人工智慧，便是這一夢想催生的產物。不那麼久以前的電腦科學家，終於慢慢摸索清楚了一條路：先模擬人類的思考過程或步驟，接著設計一系列的電腦程式，運用相同的過程或重複的步驟來解決問題。如此一來，便出現了一套既簡單又具結構化的方法，來實現近似模仿人們做聰明決策的方式。

　　這麼一個簡單的觀念，卻千真萬確地花了全人類將近60年的時間；從觀念的發想與啟蒙，直到展葉開花，成為日常生活中如普通事物般的容易實現。

❖ AI悍將「阿法狗」戰勝人類

　　在2012年一場國際影像辨識競賽中，辛頓教授的團隊應用的深層類神經網路，辨識準確率遙遙領先其他團隊；沒錯，那就是現在我們熟知的「深度學習」。後來，這個概念很快就發展到各式影像分析、自然語言處理、自動翻譯及機器人學習上的應用。

　　機器學習的潛力確實不容小覷，早在第二波人工智慧風潮時，「深藍」電腦的人工智慧已經足以與世界西洋棋王卡斯帕羅夫匹敵；20年後的2016年6月，Google旗下的英國DeepMind子公司更開發出「阿法狗」深度學習演算法計算核心，自動訓練出聰明推論機制與電腦圍棋程式，在標準的19x19棋盤中，擊敗號稱數十年內不可能被電腦超越的世界頂尖圍棋棋士李世乭。

　　這場被視為「人類與AI的世紀大對決」，阿法狗獲勝的歷史性一刻，不僅全球數億人以YouTube的視訊同時目睹，也被聞名世界的《科學》（Science）雜誌推薦為該年度最偉大的一項科學突破。也就是說，那一天你我與世上無數人共同見證了第三波人工智慧風潮的威力。

　　6年之後，OpenAI在2022年底發表了生成式AI的旗艦型產品ChatGPT，不到一週用戶就突破百萬，促使OpenAI打鐵趁熱，又在2023年3月公布更強大的GPT4大型語言模型（LLM）。當生成式ＡＩ問世之後，一夜之間，經典的「圖靈實驗」變成了歷史；一

日之間，Google 搜尋引擎可能馬上成為瀕臨絕種生物。還有什麼
比這個改變更大？這個生成式 AI，已在短短幾個月裡為各行各業
帶來無限機會與挑戰，以數位轉型建構企業永續生存更是不在話
下，所以，如何善加運用 AI 的數位技術和創新思維來實現成功的
數位轉型，已是所有產業都必須面對的課題。

❖ 人工智慧 vs. 人類智慧 vs. 生成智慧

　　嚴格說來，截至 ChatGPT 為止的 AI 與其說是「人工智慧」，
不如說是「聰明的知識庫」來得更加貼切；也就是說，就算是
ChatGPT，也還離真正的「智慧」有一段很大的差距。簡而言之，
若 AI 只能根據現有的資料去做可預期的動作，那就僅僅是一個
具有學習能力的電腦工具而已；能夠自主、隨性而發、靈活地應
對，才稱得上擁有如同人類一樣的「智慧」。

　　隨便舉個例子，就能說明人類的智慧在哪裡。任何一位有數
十年經驗的零售業或賣場的第一線經理，都能夠憑藉過去的經驗
預測消費者對新商品的需求，並且掌握商品販售後的補貨量與在
通路上的實際販售數字，再搭配零售商實際的銷售狀況和通路商
的庫存動向，進而做出正確的直覺式決策。這，才是人工智慧必
須模仿達成的目標。

　　此外，面臨某些突如其來的外部因素，比如大環境的改變或
競爭對手突然推出相似的新商品時，便是考驗專家的價值之所
在。無庸置疑，此時便需要「人類專家」出馬，伺機解決 AI 最不
擅長處理的突發事件。簡單說，就是 AI 在複製人類具有一致性的
決策行為方面表現非常出色，也引起了社會大眾的關注與掌聲，

但在面對全然未知的情況或全新的情境時，現今的人工智慧做出的反應可能會令人相當失望。

　　當然，人工智慧系統還是可以經由不斷且良善的學習，而達到上述目標；因此有人預測，AI會在不久的將來逐漸出現凌駕人類專家的跡象。無論這個跡象要等多久才會出現，現在我們熟知的許多行業，都早已開始採用AI來完成許多繁瑣且不需具備複雜專業知識的作業程序，或取代一些固定模式的工作，並進行更精細的專業分工。

　　未來產業上應用的生成式AI，極有可能完全取代部分人力，把「一個人加上AI」當作三個人來使用，尤其是大量自動化的生產線，例如汽車裝配廠的自動組裝、搬動或是定位零件等；或透過大數據分析，將結果運用於企業的經營與管理；又例如AI線上客服，能以過去客服人員與客戶對答的內容為基礎，分析並即時上網搜尋資訊，以隨時提供適切的答案，或生產新的合理答案給客戶。

　　生成式AI的「智慧」，目前評論仍然言之過早。舉例來說，當AI寫出類似真人的文章或故事，並在許多專業知識領域快速給出清晰的回答，而迅速獲得社會大眾的關注的同時，證明了從前認為AI不會取代的人類專業知識型工作有了**翻轉**，似乎AI也足以勝任了，對文字工作者與白領階層的衝擊相當大，所幸目前專家仍一致認為，生成的「智慧」事實準確度參差不齊是其重大缺陷，自然未來基於特定意識形態的資料與模型訓練所得之結果，仍是亟需小心校正後才可能得到信任。

　　人類的優勢是否仍然存在，以及重新思考人類的價值，也許

才是更重要的課題。這方面，讓 AI 從大數據學習人們做決定時的端倪，更快速地推算出預測結果，進而讓人類專家有空餘的時間來擬定各種商品的販售策略，應該是目前為止的最佳折衷方案。

展望未來，真正具有創造力的生成式 AI 應該可以做到更專業的工作，例如主動根據目前市場情報，預估各種商品未來一年需求、分析客戶的喜好進而做到精準行銷等；此外，依據觀眾群中之個人不同的喜好來設定結局而拍出來的電影、自動寫出來的文章或是報導，未來甚至能在數位轉型後的服務業上輔助店長，或是 AI 店長自己進行即時或甚至超前部署的業務盤點，還是 AI 推薦精準的菜單或應景的用餐方式，都已是在生成式 AI 落地環境下可能出現的場景了。

更嚴苛的使用場景——AI 落地與產業數位轉型

麥肯錫公司最新的 2023 年研究報告顯示：人工智慧強化了一般製造業之效能，也進而降低生產與維護之成本，這是製造業與資訊業聯手、經過多年努力所得到的成果。這樣的模式，是否可能應用在成本日益高漲的服務業之轉型？答案是肯定的。

唯一的差別是前者（製造業）要求的是全面的自動化以提升產能，後者（服務業）要求的是精準預測市場而非自動化。因為不同產業上的專業分工或資料蒐集大相逕庭，例如製造業與服務業就有很大的不同。也就是說，後者期待的是透過人工智慧取代部分中階人力，進而降低人事成本，同時維持一定的服務品質；前者期待的是領域專家與人工智慧協力工作，提升生產效能與反

應速度。

　　隨著生成式AI的演進，將來的產業將不再是只有人力（或說人腦）的競爭，而是透過數位轉型的方式實現節省大量人力，以及「一個人加AI可以當三個人使用」的AI賦能效益，也就是人機協作或人機一體（人機合體）工作，這些都是國內外產業（不管是製造業或是服務業）目前所積極於數位轉型的主流方向。

第2章

百年企業存活與轉型啟示錄

在生存競爭中，活下來的並不是最強壯的，也不是最有智慧的，而是最有適應與改變能力的。

英國生物學家達爾文（1809-1882）

It is not the strongest of the species that survives, nor the most intelligent, but the one most responsive to change.

Charles Darwin（1809-1882）

為什麼產業知道要數位轉型，卻做不到？

數位轉型起手式

過去幾年來在美國工作及做研究期間，我特別喜歡看一個每週一次（卻很冷門）的節目，我把它戲稱為每週四的「莒光日」，節目名稱叫做「CNN 100-Club」，我想可以譯為「百年俱樂部」。很可惜，這個節目沒有在台灣地區播放。

由CNN製作的這個節目，是以故事型態的記錄片，來呈現每一家創立迄今超過100年企業的風華，我每個星期都會聚精會神地觀看這個節目；有一次，我看到的報導對象是一家在英國創立超過260年的酒莊，甚至比美國的建國歷史還來得悠久。

這個節目的宗旨，是絕不會報導那些目前市值上兆美元、金光閃閃的年輕公司，像是Microsoft、Google或Apple這些科技新貴；理由是他們還沒有經過一百年的考驗，而且無法證實新浪潮來臨時能否轉型成功，也就還沒有資格登上這個節目。就如同節目的宗旨所揭露的：一家成功的企業不只要會賺錢，同時還要具有歷經時間考驗而屹立不搖的精神。

❖ 經歷過無數次「改變或是轉型」的企業

主持人一開始介紹當週的訪問企業時，都會先解說這一家公司的歷史。有趣的是，翻開這些優秀企業的開創史一看，沒有幾家公司的開創者是含著金湯匙出生的；在公司的show room中，也幾乎千篇一律地，觀眾總會從發黃的黑白照片中，看到當年創

辦人篳路藍縷的艱辛，以及堅持不懈的精神。

　　每一家歷經百年風霜而仍存活下來的公司，不論是製造刮鬍刀的公司、製造牛仔褲的公司，或前述歷史超過200年的酒莊、世界頂尖的銀行或金融機構，全都毫無二致地經歷了至少100年來戰爭、瘟疫、經濟蕭條、通貨膨脹、冷戰、石油危機、中國崛起、金融海嘯、全球化競爭、數位化挑戰……等慘痛的試煉，而同樣並非巧合的是，最終能存活下來的這些「百年老店」，都是經歷過無數次「改變或是轉型」的企業。

　　「轉型」向來是企業經營的重要課題，只是剛好CNN著墨的時間點是現在，所以視角往往是以現在企業正面臨的數位轉型做為檢視的場景；由於近年來數位轉型成為熱門議題，特別是資通訊科技的發展與運用的成功，例如雲端運算、感測、物聯網或是人工智慧等，亦即「數位＋」概念的落實。

　　我從CNN百年俱樂部節目網頁的清單中看到，鄰近中國及香港被收錄進節目的企業不多，但日本卻有超過兩萬家的百年企業。很遺憾，台灣地區沒有任何一家公司被CNN 100-Club報導過。

❖ 前段班都轉型了，中後段班還在看戲？

　　照理說，國內任何一個產業中的頂尖企業，平心而論，數位化的水準都已經算是IT科技公司等級了，為何還要「數位轉型」呢？

　　所以，顯然關鍵不在頂尖企業，而在於長尾理論[2]中的那一些占80%且位在中後段班的企業！

　　依我所見，國內中後段班的中小型企業普遍數位程度相對不足，各類子產業、協力廠商及產品特色差異大，勢必對於數位轉型的理解、需求及效益有不同之見解，甚至企業未來發展方向之差異極大。

　　所以，本書之目的即為以本土企業之典型案例，引導中小型企業或廠商思維及行動的轉變，更特別的是，本書要傳達的是「會賺錢的 AI」的觀念，從第二代或第三代接班人這些網路世代成長的未來企業負責人身上，以國內實際案例的借鏡及實際引導，藉由同業 MeToo 的互相學習之影響力，特別是同業數位轉型經驗中快速學習，以加速創新及轉型，從解決問題與創造價值的角度切入，相信大家一起努力，就會有逐步擴散至全面數位轉型的可能性。

　　想當然耳，各行各業皆可融合新興科技，改造既有流程運作、營運管理或顧客服務。例如，面對人力成本高漲，全球製造業對自動化需求程度隨之提高，藉以提升生產效率，或是善用製造業累積下來的長期上下游串連經驗進行跨業別合作，創造轉型發展的機會。

　　服務業亦然，在由市場經濟轉型成以資料經濟形塑市場之趨勢引領下，透過資料蒐集與分析，可提供更符合顧客需求的服務；例如，國內紡織成衣產業銷售已達飽和，更需積極尋求及拓展海外市場，然而多數企業面對數位轉型壓力時，大多選擇維持

2.「長尾效應」用來描述諸如網站之商業模式，是指那些原來不受到重視的銷量小但種類多的產品或服務由於總量巨大，累積起來的總收益甚至超過主流產品的現象。後來這一術語也在統計學中被使用，通常可能包括主流與非主流的分布。

現狀，而不願承擔改變的成本與風險。因此，更需要蒐集顧客數據（如顏色喜好、風格等）並善用數據，藉此提高服務價值，達成以數據驅動之數位轉型。

其實，「不斷面對改變並且戰勝改變」最根本的道理，就是聰明的企業決策者深知人類好逸惡勞的根本習性：DNA 背後的基本生存法則，其實是只要求生存就可以了，並不需要不斷求變求新；然而，資本市場的叢林法則卻更加殘酷，除了處處可見、被打敗和被淘汰的企業，剩餘下來的，就是等著被打敗以及被淘汰的「勝犬型」企業。

看到有自信的公司在官網上大器地標示「一直被同業模仿，但從未被超越」，也說明了同行彼此不斷競爭的事實；這就是資本主義的天性：只有每天戰鬥，拋棄舊有的習性，不斷改變公司上下的舊文化，不斷提高生產效率、提高員工工作績效，最終提高產品商業價值——套一句比較白話的說法，就是企業的「永續經營」，企業才能真正存活下來。

在大部分 CNN 100-Club 報導的記錄片末了，主持人在訪問企業的第 N 代接班人或專業經理人時，我總會聽他們提到「面對這個時代的數位轉型任務，公司早已信心滿滿地面對了」，不僅如此，這些百年企業甚至也早就在準備應對下一個改變。

當然，也唯有如此，才能讓這些百年企業可以成功地邁向下一個一百年。

問題來時，機會也來了

瘟疫來了！

新冠疫情時代對任何企業都帶來諸多挑戰，卻也是啟動數位轉型的絕佳時刻。

❖ 百年一見新冠疫情帶來的數位商機

先看製造業。首先疫情帶來全球供應鏈斷鏈，加上生產線員工相互傳染之可能性，以致工廠為符合法令不得不提高人員工作間距，大幅降低生產效能，導致人力招聘、停工、停廠的難題。

而在疫情過後，現況也好不到哪裡去：工廠必須重啟生產線，人員卻無法一次到位，機台之稼動率因此短時間內無法快速回升，這一些如滾雪球般的議題，都對製造業的營運造成衝擊。

但同步發生的另一個令人無法相信的機會，是在個人的工作與習性上、消費與購物上及資訊與溝通方式上的大幅改變；這些因素，也如同前面提到的如滾雪球般地放大了「數位商機」。

我們觀察到企業如何因應工作型態上結構的變化，例如以製造業為例，許多製造業之子產業都面臨在家上班的重要議題，趨向以低接觸經濟為利基，加上「無距離創新」的考量，企業進一步配合全通路行銷等之加持為後盾，策略上，透過高度自動化及智慧化之生產方式，降低製造總成本及突破創新之應用，為產業升級而進行之數位轉型，大大提升了企業營運韌性。

這一系列的低度接觸式生產製造模式，除了可能在轉換期間帶來不適應的陣痛期外，當然也對業者帶來了更為正面看待的做

法，像是過去生產線上的自動監控與自動瑕疵檢測，都是只能期待但卻永遠不是最高順位的投資，因應新冠疫情時代的數位轉型，也間接地加速了減少人力及降低重工的目標。

更令人震驚的是，自今年（2023年）起，國際上幾乎所有的前段班產業都喊出「服務全面ＡＩ化」，也因應自動化生產之易於快速部署，許多國家開始強調在地製造，除了間接提高在地就業之經濟成效，由於智慧化生產降低總製造成本，也在降低原物料運輸與節能減碳上創造了新的示範機會與模式。

在企業打造足夠之韌性這個議題上，則因為數位工具帶來了生產與營運的透明化，加上以更快速在地部署之供應鏈變成更有彈性，整體的能量因此提升而推進了產業數位轉型升級的趨勢。

緊跟其後的是「生成式AI革命」！

AI來得又急又快，正在鋪天蓋地地影響著我們的生活。

過去在國內產業界成功落地且進行中，以識別或判斷決策為主的「分析式AI 應用」，已經迎來了最新的「生成式AI應用」，同時也在一夕之間被社會大眾所普遍矚目。也就是說，過去的AI只能用在某個狹窄的領域內，但生成式AI能替所有人服務，帶有創造能力，任何人都能在日常生活中應用。

舉一個比較有畫面感的例子來說吧，當在電腦前輸入「我要找一件適合大約5月台北天氣的戶外婚禮之禮服，而且是有韓風流行色的心機辣洋裝，2天內送達」之後，瀏覽器馬上跳出視窗的是一張摘要小卡，不只列出台北5月天氣的重點，還有適合該天

氣的服裝材質，加上一件件達標的禮服產品圖與連結，一次滿足你（妳）的提問。

這是 Google 最新揭露的生成式 AI 搜尋體驗，還預告不久後將落地普及，用更直接的方式提供搜尋資訊給使用者。大家也都在期待，這一個生成式 AI 將改變所有使用者的使用模式，也會加深消費旅程中的需求，換成白話文說，就是後面鋪滿了商機。在這個生成式 AI 背後運作的大型語言模型中，所謂的「語言」指的不只是文字，還包括了其他能和外界溝通與理解的所有方式，也就是說，它要處理的其實是人類如何對外溝通、並有效理解各式資訊的關係。

以目前的生成式 AI 為例，已經可以完全依照人類的要求，產生一篇新的文章、創造出一張沒有人看過的圖像、自動合成難以分辨真假的人聲、總結出一整個系列的雜誌讀後心得；所以自然而然的，可以協助一位白領階級工作者在電腦上生成企畫文案、寫致謝 email、寫電腦程式、繪畫草圖、製作動畫、製作網頁……。

所以，說它是個「替人類工作的副駕駛」確實不為過。ChatGPT 除了已經像是一位全力 backup 我們的「得道高僧」般的好友──活像無所不知的萬事通，既能回答任何問題、設計充滿創意的企畫，也能安撫心境七上八下的受害者、甚至自動產生有趣的創新點子，幾乎可說無所不能。

而當大部分的產業界都還在因應爆紅的生成式 AI 所帶來的改變時，其實已經有一些動作比較快的科技公司，已經開始在思考要如何活用 ChatGPT，甚至如何把它帶上數位轉型的列車，向前

衝刺。從時尚設計師用它快速設計成百上千款不同的流行穿搭，到服務業的虛擬KOL迅速產生行銷素材及預測客戶購買行為，都可以讓我們確認一件事，就是產業可以從生成式AI獲得許多以前想像不到的好處。

　　ChatGPT、GPT4掀起浪潮之後，每家科技大廠現在談論的焦點都是AI；想像一下，過去五年以來，這些不同的垂直產業就已經每天默默蒐集了數以TeraBytes（TB）或是PetaBytes（PB）的真實數據了，不管是存放在雲端，或是私有雲內，生成式AI的從天而降就如同阿拉丁神燈中的精靈，可以許下任何願望，來幫助企業分析、解讀、甚至關聯資料，當然也絕對不只3個或是3000個願望。更另人讚嘆的是，還能分析到極其細微的結果，然後一五一十地告訴企業；而且，這個生成式AI精靈用的還是人類能夠理解的語言呢。

　　在企業上的實際運用例如將客服系統升級，以生成式ＡＩ回答並摘要客戶服務之通話、草擬電子郵件、甚至自動摘要會議記錄等工作。此外，在生成式ＡＩ廣為應用之後，有些企業開始思考積極使用ChatGPT 草擬合約、法律文件、預估定價、舉辦行銷溝通活動、自動撰寫及回覆電子郵件等工作，首當其衝的就是人力需求與專業技術的成本大幅下降，當然，這也是令人期待的改變。所以，用簡單的話說，10年後各個產業的工作者都會把生成式AI及相關的工具視為理所當然，生成式AI和工作者的能力也都會愈來愈強大；沒有妥善使用AI工具的工作者，自然會變得相對愈來愈弱，明顯的M型之兩極化，就以AI為關鍵的契機。

第3章

你了解的數位轉型，真的是數位轉型嗎？

當企業的數位轉型正確完成之後，就能將企業從原來的一隻毛毛蟲般羽化成了美麗的蝴蝶；但是還蠻現實的，如果企業的數位轉型是錯誤的話，原來的一隻毛毛蟲就仍然是那一隻毛毛蟲。

喬治·衛斯特曼
美國麻省理工史隆管理學院

When digital transformation is done right, it's like a caterpillar turning into a butterfly, but when done wrong, all you have is a caterpillar.

George Westerman
MIT Sloan

數位轉型的真功夫

　　這本書的書名叫做「當數位轉型碰上生成式 AI」，其中有一個有趣的觀點：為什麼先從人工智慧開始介紹，然後才說數位轉型，而不是從數位轉型開始，然後談論人工智慧？

❖ 數位轉型的關鍵不在電腦、系統、策略，而在人

　　這個問題的答案，其實和台灣傳產業老闆們的保守心態有密切的關係。傳統上，老闆都會精打細算投資及合理的回報，而且還要很快就有回報，一聽到要以數位轉型當作獲利敲門磚，通常老闆會這麼想：這只不過是把原來手工抄寫的記錄，轉換成用電腦記錄罷了；但手抄搞錯的機率不大，而且真正有價值的資訊都在我腦袋裡。

　　所以老闆們往往都會先觀望一陣子，反正急的是別人，我又不急，先等別人試試看，真有成果我再認真考慮。

　　當然，這一觀望就錯過了領先起跑的好時機，不是副總的數位化構想就此胎死腹中，就是撒下的種子永遠不會萌芽，錯過了轉型的好機會。幾年之後，一方面老闆自己年紀大了，準備讓第二代接班，另方面，第二代的小老闆剛好是在數位時代長大的，數位轉型的接受度自然高得多，所以當副總建議小老闆急起直追時，比較容易讓他接受數位轉型的大格局改變；然而，這時候偏偏同行之間口耳相傳的已經是聽起來很神奇的 AI 了，不是新聞常常報導「人工智慧」有了什麼驚人的突破，就是同行用了 AI 工具做了哪些聰明的分析和決策，成本大幅降低、良率也提高了；直

到此時，這家公司才會真正下定決心，大手筆投資數位轉型。

　　歸根究柢，並不是數位轉型和生成式 AI 哪個比較重要，需要優先考量，而是生成式 AI 猶如黑夜中的一串煙火，比數位轉型的理論更能吸引決策者的目光——雖然目前的 AI 其實還只是一個階段性的成果，但可以「秀」給老闆看，就像打棒球一樣，AI 即使只擊出了一壘安打，年輕的老闆卻一看就知道，只要再接再厲，繼續擊出一支又一支安打，就一定能得分，領先（或者追上）對手。也就是說，AI 的出現，讓數位轉型有了更能說服眾老闆們的吸引力。

❖ 做 AI，就要做「會賺錢的 AI」

　　我與傳產業互動多年，常遇到像這樣的案例，比如當顧問跟啤酒廠老闆說「第一期要花 500 萬元建置所有的生產管理轉型」（我其實不認同這種猛爆式的投資），準備導入全新的進、存、銷條碼管理系統，以取代人工紙本記錄方式來管理原物料及倉儲時，老闆聽完總是搖頭，回他一句「暫時沒有這個意願」。如果這個時候顧問換個講法，建議老闆花 100 萬元導入和某一家競爭對手一樣的 AI 發酵監測系統，就可以利用感測器即時監測收集手工啤酒之關鍵製程資訊，掌握大麥發酵程度，立刻提升批次製程品質穩定性（比如估計起來至少可以讓精品啤酒之良率提升 5%），我想老闆一定更容易買單。

　　當然了，後面還得陸續分批添購數位轉型設備，像是讓生產與感官品評資料上公有雲，以解決不同精品啤酒之間大量的受試者測試數據、提升生產線運轉效率，加總起來也許花費超過 500

萬，但是這樣一來，因為數位轉型之故同時新建B2C客源，也會造成營收大幅上揚，老闆必定覺得他是把錢花在刀口上。因此，這也就成了我常常跟業界管理者提到的概念：做AI，就要做「會賺錢的AI」。

❖ 遙不可及的夢想已經變得唾手可得

　　人工智慧再度崛起與成功落地，驅使產業紛紛進行以資料與AI為動力的數位轉型，加上以消費者為中心的服務生態系因而重整成形，催生全新的智慧製造與服務產業鏈。就因為這些科技業打著AI的成效領頭加入競賽，使得幾乎所有產業都翻天覆地，所以不得不說，我們已經正式進入AI時代了！

　　在這裡也做個置入性行銷：2023年4月由行政院公布的國家級「臺灣AI行動計畫2.0」，其實就是要實現以AI帶動產業轉型升級、以AI協助增進社會福祉、讓臺灣成為全球AI新銳為願景。

　　換成白話文來說，想像中，全自動化製造與服務一度被認為是遙不可及的夢想，現在已經如唾手可得般存在了。不僅如此，實現人工智慧的各項資訊科技之軟體技術，也正在加速發展及逐漸成熟中；例如，開發一個能讓數十萬人同時連線使用的演唱會搶票平台或手機App已經愈來愈容易，甚至擁有超大量如TeraBytes（TB）級的資料處理能力，以及儲存資料量之設計，也變得不再困難。

　　所以，當全世界主要科技強國已經將AI視為極具價值的投資，並針對AI的技術研發、人才培育及產業轉型之需求，陸續提出政策措施並投注可觀資源的同時，如果國內的產業也能搭上這

一波的順風車，進行數位轉型的話，產業AI化的理想就將逐步實現了。

❖ 數位轉型的第一要務：全面革新企業文化

眾所周知，數位轉型的實質意涵，就在於企業重新定義商業模式、營運流程與客戶體驗，並且進一步找到提升競爭力與創造營收的方式。

然而，當台灣的企業甚至傳產業都普遍能掌握部分數位化的工具，就有了把小東西做大的能力（從「點」到「線」），甚至把小產品做到一系列不可或缺的產品「線」的能力。

目前這些企業所缺乏的一項關鍵能力，就是自創一個有故事、有背景的價值主張，也就是以一個「面」或是一張「網」的方式抓住顧客的能力；只有這樣，才能讓集團或事業群裡的員工，真正把具有潛力、只是還不見成效的構想做到夠激進、以及夠完整，甚至敢於破壞既有企業的部分現有價值，才是真正的在數位轉型浪潮中的企業創新及永續能力。

過去台灣所謂「隱形冠軍」的第一代黑手創辦人常說，他們是帶著兩個塞滿產品及型錄的超大皮箱，搭經濟艙飛越半個世界「逐展會而居」的遊牧族；然而，到了第二代或第三代接班人掌權時，舊有的優勢往往蒙蔽了危機感，以為在原來的商模上聚集更多資金來放大產量就是王道，至少財報上看起來獲利還是相當誘人，故步自封的後果，就是等到競爭對手兵臨城下時，才突然意識到危機已經發生了。

其實，危機可能早就來敲過兩三次門，只是守舊的企業文化

聽不到敲門聲，也就無法及時反應。所以，數位轉型的第一要務就是必須全面革新企業文化，由大老闆帶頭傾聽、居安思危，建立起一個能迅速應變的環境與文化。

❖ 優質服務讓顧客買單

當然，緊接著數位轉型之後的重要工作，顯然就是結合數位科技與既有營運模式的進化，而且要從營運流程、價值主張及顧客體驗做起。簡單說，就是以顧客的價值與體驗做為企業核心活生生的實證，做到不斷持續更新的漸進式轉型。

以製造業為例，過去的顧客想買的是「便宜且優質」的產品，現在的顧客則會買「有故事且來自優質品牌」的產品；至於服務業，過去的顧客同樣會掏錢買便宜且優質的服務，但現在的顧客想要買的，已經變成「有願景、有環境使命感」的優質體驗服務；原因無他，因為「顧客體驗」會使產品或服務自動升級，讓使用者覺得他與你（創造出來的）的使命感有了連結──這個連結，也就是所謂的「買故事」情結。

如此一來，就會變成顧客打從心底的買單，也就是你不僅是今天賺得到他的錢、也能保證明天、後天他都會心甘情願地掏腰包。

不幸的是，當你在 Google 輸入關鍵字「數位轉型」或「數位轉型案例分析」時，眼下你只會搜尋到一篇接一篇的理論性文章，以及一個又一個的國外案例，內容更是乏味到讓人呵欠連連。

根據我的實務經驗，其實產業不同、數位轉型的模式也就大異其趣；即使是同一產業，也會有不一樣的轉型模式。

數位轉型三大階段

台灣國土太小？沒關係，資訊科技是一個現代化國家「開疆拓土」的手段。

資訊科技早就快速重塑了每一個企業、機構、組織及其服務，新興的人工智慧，當然也在翻轉所有企業的經營模式；雖然數位轉型可能依不同產業有所不同，大部分的產業界人士都同意，若依數位轉型所期待達成的目標而言，數位轉型可大致區分為三個階段。第一階段，是對企業而言最基本的電子化、數位化。以製造業為例，主要是透過數位能力或工具的導入來改善產品製造流程，從而提升企業整體營運效率，意即達到「降」成本或是「增」效率的生產轉型或產品轉型。

到了第二階段，就要進一步善用科技手段，在產品核心本質不變的前提下，提供顧客「有別於過往」的產品或服務模式，例如運用數據分析技術來提升產品品質，或實現差異化產品開發，意即關係再造的「顧客體驗」服務轉型，也就是前面提到過的，只要品質優良過去的顧客就會買單，現在的顧客想要的卻是「有故事且優質」品牌的產品。

最受到廣泛討論卻也最有挑戰性的，則是透過新產品或新服務模式，布局開拓新市場、賺新錢，亦即第三階段的價值延伸（或說「商模再造」）——在既有銷售產品或服務的過程中進一步延伸出新產品或新服務，藉此創造新的「被加值」獲利空間。

這個新創價值的能力，如果以我們常聽說的故事來解釋，道理超級簡單：好吃的茶葉蛋只能賣5元，祖傳祕方好吃茶葉蛋可

以賣10元，明代宮廷祕方好吃茶葉蛋就可以賣20元。

　　說得更細緻一點，這個茶葉蛋被「加銜」的故事，換成其他的產業，就可以變成產品詳細的生產履歷（比如產品是由型男返鄉青農親自設計的，或是這個產品是典型低碳運輸完成的，當然更可能是這項服務是以環境友善及再生能源所建構完成等），這樣一來，想像的空間就很大了。

　　口語版的數位轉型說法，就是以數位工具協助有經驗的決策者（老闆），汲取他們頭腦裡累積了20年、30年的經驗，放進一個全新的未來場景中模擬或試驗，反覆更改測試條件及進行驗證，並且以老闆有經驗的眼光來判斷是否合理，要是老闆覺得合理或風險可以做到最低，再提供給企業，做為完整決策的依據。

記錄數位化——擺脫「記得少、忘得多」的人類宿命

　　不久以前，人類都還只能透過紙本來記載沒辦法存入大腦的東西，但隨著科技發展，我們就連平日生活也已使用愈來愈即時的形式來記錄生活點滴，例如Facebook、Google小工具、Instagram、網誌、行車記錄、活動記錄……。

　　透過數位科技，你我便可記錄人一生中的所有點點滴滴，甚至可以輕易回溯多年前的回憶或值得懷念的每一個瞬間。

　　至於工作職場，更早就是數位化的世界了，業務人員處理的每日訂單，現場工作人員處理的機台記錄，品管人員處理的檢驗記錄，生管人員處理的原物料供應及預估記錄，甚至職人的經驗

數據等，不勝枚舉；可以說，記錄的數位化似乎已是人類向科技妥協（或是求助）的最大公約數，有了它，就不用浪費大腦裡珍貴的記憶容量了。

❖ 貝多芬也參與了數位時代？

古典音樂的世界裡，江湖上有一個關於數位化音樂的傳說：1970 年代末期的 CD，是由 Philips 和 SONY 聯手開發的，在規格制定階段，Philips 提出的規格是時間長度共一個小時，也就是 60 分鐘，因為人類的耐心大約是一個小時，例如我們從小到大、從過去到現在，每一節上課都是 50 分鐘，就可以看出人們最大公約數在哪裡；但是，據說當年 SONY 副社長大賀典雄堅持 CD 時間長度必須達到「74 分鐘以上」，因為這樣「才能完整收錄貝多芬第九號交響曲」；當然，任何交響曲的錄音都會因指揮家而有時間差異，貝多芬九號平均來說需時約 66 分鐘，就已經超過了 Philips 設定的一個小時不說，要是以最長的版本，據說是德國指揮家 Furtwängler 1951 年的作品為目標，就真的需要 74 分鐘了。最終，Philips 因此被這位 2011 年過世、後人尊稱「CD 之父」的傳奇人物大賀典雄所說服，CD 規格就制定為能容納 74 分 42 秒音樂的光碟。

❖ 數位化發展的啟動已迫在眉睫

閒話說完，回到數位記錄的場景。未來，所有如今被完整記錄下來的資料將成為另一個虛擬世界的「職場」，彷彿鏡子中倒影的工廠或辦公室，有一個更通俗的名字叫做「數位孿生」或「數

位分身」，不僅能被永遠保存、可以隨時呼叫出來，同時將有機會受到後進者或是未能及時參與者的青睞，成為深入了解或是優化一個製程、一項作業、一款服務的重要基礎資訊。

如果再搭配近期受到矚目的物聯網裝置，那麼，除了可即時記錄機台生產活動、監控環境條件之外，不但可應用在生產管理及特殊目的上，如記錄不同生產階段之數據，甚至還可以完善備料管理，以及隨時線上追蹤成品狀態和評估其他互動任務之可行性。

實務面上，由於國內傳統占絕大多數的中小企業目前數位化程度與能力都還有待提升，數位化發展的啟動已迫在眉睫，像是傳統企業仍有一定比例的資料是以紙本處裡（人工手寫、傳真、檔案email後列印等），顯示中小企業的廠商在訂單、生產及出貨等工作仍以人工登打整理方式為主，所以，第一階段應以數位工具加速人工整理及簡易分析應用為數位轉型的階段性目標，業務人員能夠以一般人最熟悉的Line傳遞及即時匯總當日或當月訂單，就算跨出第一步了。

❖ 你家的ERP系統，有真正在公司裡全面落地嗎？

國內企業在初創階段，生產上往往便宜行事，自然普遍存在手寫記錄，或即使自動化設備有自動監測結果，但過去10年數據從未曾真正分析應用，這種情況比比皆是。

另外，產品端的產品關鍵製程與新產品開發過度仰賴職人經驗，技術傳承容易出現斷層，且產品標準與風格不易扣合隨時變化的消費趨勢，甚至顧客服務端仍以傳統經銷手法的代理行銷為

主，這樣一來，就限制了更廣大市場的外銷拓展 B2C 或是 B2B2C
的機會（如圖2）。

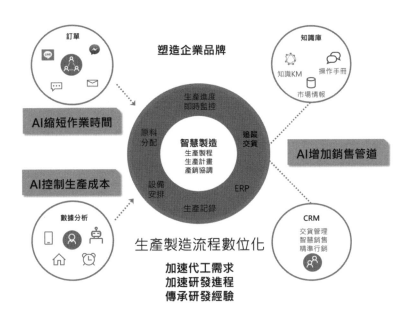

圖2：製造業產業數位轉型需求

　　目前國內中小企業導入數位營運系統的普遍概況，仍以使用初階版易於上手且不需過度客製化的國產企業資源管理系統（ERP）為主，不過主要應用範圍仍局限於高階主管的財務與成本相關管理，這樣的「人設」目標，就難有將ERP系統真正落地在公司內部全面使用的理由，同時也可能遇到使用不久之後很快就發現被限制了不同模組的彈性；緊接著產生的問題，就是企業入口網站在導入初步行銷卡關，以及建置進銷存系統的同步記錄等，都容易導致不同部門之間銜接不易。

❖ 重塑企業競爭力，才有活路

　　產品行銷方面，一般採實體兼網路行銷者較多，採純網路行銷之比例不高（包括企業官網、Facebook、Line、企業 App、電商平台等），亦有不低比例之企業仍只以實體通路行銷（包括自有店面、經銷商、代理商、通路商等）；能夠在行銷端收集交易相關記錄、顧客資料、顧客喜好型態及互動記錄等事件，都是在顧客服務或體驗之未來數位化或數位優化的階段性目標（如圖3）。

　　其次，轉型是指企業摸索出可長可久的長期經營方向、營運模式的整體性改變，藉由透過前述之科技手段來重新塑造企業之競爭優勢，不管是具有十足在地個性化之產品，或是專精於幾項不可取代性之服務，內化轉變成新型態的過程；雖不是什麼不得了的祕方，卻也不是找來一、二個顧問，就可以在一夕之間立即到位的神蹟，而是需經多年營運、生產、產品／服務、市場等經驗的認真累積才可能轉型成功。

❖ 促使產業加速數位轉型的關鍵

對全世界大部分的企業而言，疫情發生時的 2020 年應是數位轉型的關鍵年，各種產業為了存活，鋪天蓋地的「被數位化」，以及緊接著「被 AI 化」，當然更是數位轉型的核心。為了實現 AI 產業化，科技公司首先需推出少量關鍵的 AI 產品，因為其注重深度，達成目標相對容易。然而，若要真正做到產業 AI 化，則必須針對不同產業需求創造多樣化的產品，這需要強調廣度，難度相對較高。

因為疫情從封城到零接觸，服務業首先嗅到了大家不論工作或吃喝玩樂都在「家」解決的商機，所以線上服務勢必是轉型的重點；除此之外，他們更留意到當民眾上網的時間拉長之後，能夠提供 24 小時線上服務的業者將會因此獲利，所以金融業為此擁抱 FinTech，銀行要提供 24 小時無處不在的服務，或是製造業為邁向低碳的關燈生產與智慧製造，必須快速優化製程和產能，以提升工廠自動化的程度，這也是促使產業加速數位轉型的關鍵。

在今天這個「速度」與「規模」決定一切的數位時代中，能成功運用數據分析，擁有能因應挑戰又能展望未來的數位轉型願景顯得至關重要。

服務業數位轉型需求

AI 精準行銷

拼湊用戶全貌之自動貼標、行為追蹤與預測、內容精準推薦

廣告成本不斷創新高、成效卻不明確

因隱私議題抬頭，Google宣布將於2024年底完全停止第三方Cookie的支援，對數位廣告、精準行銷帶來了史無前例的巨大衝擊。

AI 銷售體驗

自動貼標、行為數據分析與記錄演算、實現內容精準推薦

商品常因規格小幅度不合，造成高退貨率

在服務業以客為尊的前提下，零售或服飾產業常因生產工廠版型不一，以致客戶依既有印象下單，但不一定選對合適的規格。

AI 行銷推廣

AI虛擬人物生成、影音內容生成、語音自動生成，更貼近消費者

圖文宣傳效果式微，影音內容才是王道

電商產業早已進入紅海競爭，一般商品銷售頁通常只有圖文介紹，客戶閱覽後容易無感；短影片內容相對較真實，且在國際平台上具有流量紅利之誘因。

圖3：服務業產業數位轉型需求

「AI 大航海時代」來臨了

　　當年的大航海時代，只要你擁有羅盤、航海術與一條船，就意味著有發現一塊地球上全新領土的機會，而現代百家爭鳴的「AI 大航海時代」，台灣的產業機會在哪裡？

　　2018 年 4 月某一天，春寒料峭的紐約清晨一早街頭就起了一陣騷動，因為《紐約時報》頭條報導：舊金山一家 AI 非營利研究機構 OpenAI 支付年薪 190 萬美元（約合台幣 6000 萬元），給該機構年僅 30 歲的 AI 工程師兼共同創辦人伊里亞・蘇茨克維（Ilya Sutskever）[3]。當時，自然沒有人猜想得到，這一位蘇茨克維竟會是在 2023 年大地一聲雷、震驚全球的生成式 AI「ChatGPT」的設計者、名副其實的「大神」。

　　注重隱私的美國，其實平時不會輕易揭露個人的薪資，不巧當時正值美國公司及個人的報稅季節，眼尖的記者就從申報的稅單裡搜尋到了：相對許多紐約的金融業者，甚至是矽谷當紅的新創公司，蘇茨克維的薪資都還高得多。也難怪，這個新聞不僅當下震撼了美國東西兩岸的高科技業，也等於正式宣告，AI 專家已成為新創公司眼中的當紅炸子雞。事實證明，蘇茨克維就任不到五年就讓 OpenAI 以 ChatGPT（和後續的 GPT4）一夕暴紅，一點也沒有辜負他的天價年薪。

---

3. 資料來源 https://www.nytimes.com/2018/04/19/technology/artificial-intelligence-salaries-openai.html

❖ 能出海，才有機會發現新領地

　　AI浪潮來襲，人工智慧已成為驅動高科技公司獲利的主要技術，然而這方面的專家始終不足。全球所有人才市場調查報告都已指出，AI產業缺乏足量的人才，因此，在政府的支持下，國內四所頂尖大學都已規劃用最短的時間培養最多的AI工程師，以紮實的軟體與演算法訓練融入傳統或新的產業應用，來回應產業界殷切的人才需求，利用AI產業的轉機邁向樞紐經濟。

　　15世紀改寫全球版圖的「大航海時代」，在成熟的航海技術支持下，歐洲各國的船隊紛紛航行於無邊大海，探索新航線，當時未能搭上這一波浪潮探索世界的國家，像是東方的中國、印度與日本，就注定了在接下來數個世紀中成為「失落的國家」的命運。所以，台灣正在發展「AI小國大戰略」的此時此刻，就應有關鍵性的思維與做法。

　　早在1960年代，AI的可行性便被確立了，只是當時缺乏計算能力與充足的資料，才會步履蹣跚、乏善可陳。簡單地說，AI就是電腦科學家先模擬人類的思考過程，接著設計電腦程式來模擬，如此一來，就提供了一套以電腦做決策的簡單方法；接下來的二十年之間，AI專家又發展出利用少量已知答案的樣本，透過演算法[4]的方式自動學習（又稱作「機器學習」[5]），由此而預測未

---

4. 在數學和電腦科學中，實現任何一系列定義清楚的可計算步驟或是指令，都稱為演算法。演算法常用於計算、資料處理或自動推理，能從一個初始狀態或輸入開始，經過一系列清晰定義的狀態，最終產生輸出，並停止於一個終止狀態。例如計算兩個數字的最大公約數，就可以設計一個演算法讓電腦瞬間計算完成。
5. 「機器學習」之理論，主要來自於設計和分析一些讓電腦可以自動「學習」的演算法。「機器學習演算法」則是從資料中自動分析以獲得規律，並利用規律對未知資料進行預測的演算法。機器學習，已廣泛被應用於如搜尋引擎、醫學診斷、股票市場分析和機器人等領域。

知的樣本，更貼近人類的決策模式。透過這些不斷向上累積的機器學習技術，年復一年，才奠定了今日 AI 的基礎。

這些「聰明」的判斷與決策技術，雖然仍然很難達到科幻電影演繹的，擁有真正的情感、意識和自我認知的狀態，但以挾帶累積多年的各行各業大數據資料庫的 AI 技術來說，解決先前產業界無法突破的瓶頸已綽綽有餘。就像當年的大航海時代，當你擁有了羅盤、航海術與一條船，就意味著你可能擁有為國家發現一塊新領土的機會，這就是以 AI 技術延伸數位疆土的手段。

❖ 服務業的大航海時代

首先，我們以服務業為例來說明。

服務業是一種可輕易延伸成數十種共享經濟模式（例如交通共享經濟、餐飲共享經濟、宅經濟等），以及擴展為數百種以 AI 導入實現資料經濟生態系（例如汽車共乘、美食與餐飲外送平台、網購平台遞送到家等）的產業。

舉例來說，優步（Uber）或來福車（Lyft）是現在美國最熱門的交通共享經濟模式，UberEat 與 Foodpanda 目前是全台最大兩家即時外送、包含美食和生鮮雜貨等之外送平台。透過 AI 的演算法，這些服務業者就能在短時間內實現便利的呼叫搭乘與外送服務。平台的背後，充滿了使用 AI 技術來突破的創新點子，目的是讓人只要輕觸螢幕或手機按鈕便能實現搭乘服務；透過軟體技術及聰明的演算法，很快地在世界各地接近 1000 個城市裡以破壞式創新占有一席之地。

簡言之，透過 AI 計算配對各個分散的乘客地點，突破人與空

間的多重限制，進而以最佳化的方式，推薦附近道路上的汽車駕駛（請留意，是「人」而不是「車」）給想要乘車到某特定地點的乘客，然後經由乘客的選擇與確認就可以成交，短短數秒鐘便解決了一個運輸需求。乘客經由預設信用卡付款，也解決了攜帶現金與駕駛收取現金的風險，事後乘客與職業駕駛還可以透過只需按下幾鍵的評價，讓公司知道彼此的滿意程度，業者當然也就能透過行程評分免費得知乘客的使用者體驗。

利用一連串的 AI 軟體技術，這個新型態的服務就這麼串起了「人與人」的社群網路。業者往往還會同時進行優良駕駛的票選，駕駛推薦乘客或乘客推薦駕駛甚至都能獲得現金獎勵，官方網站更會介紹客戶推薦之合作駕駛，為這些駕駛帶來尊榮感。最後產生企業版的叫車或是不同汽車等級的服務等行銷，尤其澈底顛覆了過去計程車所能提供的單向式服務；可以選擇較有品味的駕駛，也間接形成社群式的行銷手法，以複合式的商業模式，滿足所有可能的運輸需求。聽起來似乎很複雜，但背後支撐的技術全是簡單的數學模型，正確搭配 AI 演算法便可以輕易實現。

光是我不久前在美國舊金山灣區搭乘優步及 Waymo 全自駕叫車服務的經驗，就很能說明這一種類型的共享經濟，其實已經演化成為多個複雜的資料生態系統。

例如，從過去一個人搭車進展到提倡多人共乘的觀念，不但置入了優步提倡節能減碳的概念給乘客，還可以選擇一般式在家門口等車之共乘或走幾步到會面點搭共乘車（類似公共汽車），兩者價格完全不同。

以價格為誘因，運用演算法配合電子地圖，計算出需要步行

多遠，鼓勵乘客只要步行一段距離，就可以和另外一組人共同搭乘，既保障了住家隱私，也比車子到自家門口接送更便宜。

計價方式完全依據電腦計算到達目的地之距離、等待時間、當下有多少人搭乘、有多少車輛可以提供服務、以及在到達目的地前要停多少站來決定。優步成功之處在於視駕駛與乘客為夥伴關係，也就是我們前面提到的顧客體驗，利用 AI 技術推薦多種選擇，最後讓乘客自己做決定。

更有趣的是，優步還導入了「分散乘車」的時間概念，因此清晨與離峰時間車資相當便宜。根據我的經驗，例如白天上班時間我在矽谷的兩家科技公司之間多次往返，單程約 2.5 公里，預測到達時間不但非常精準，而且車資不過 4.3 美元，與過去預約昂貴的計程車，既常姍姍來遲，乘客再不情願也得給小費，簡直有天壤之別。

搭乘幾次後發現，深夜與我共乘的互不相識女性乘客，早在到達目的地前就放心呼呼大睡了，駕駛除了會在抵達時叫醒乘客，還會善意提醒皮包、手機不要掉在車上。當然在與他人共乘時，也可能電腦計算後推薦司機順路搭載新乘客，一方面增加司機的收入，一方面盡量不影響先上車乘客抵達目的地的時間。優步這種刻意把餅做得更大、然後透過電腦計算來平衡或動態降低車資的作法，就是前面提到的導入 AI 技術，實現簡單但是有創意的數百種應用之一。

❖ 金融業的大航海時代

第二個代表性產業是金融業。目前遍地開花的 AI 機器人理專，已逐漸被民眾接受而滲透金融領域；金融科技結合網路平民化的趨勢後，更產生了電子金融，衝擊銀行的生態及各國財政部門。

因為經濟成長迅速，中國躍上了國際金融科技大國的寶座；美國則因為傳統金融活動熱絡，所以早已透過新創公司，直接移植矽谷的 AI 軟體技術到華爾街金融界。不過，由於金融服務領域涉及政府金融管理法規，AI 的發展相對服務業較為緩慢；但傳統金融業受到新技術的衝擊，以致臨櫃需求降低，一般銀行人力縮編、部分工作轉由 AI 科技取代的基本趨勢不會改變，包括電商的線上支付、社群網路數據分析之個人徵信、專門提供給年輕人的分期購物微型貸款、大數據風險管控、網路財務保險、網路信用評分與線上借貸等，以及生成式 AI 技術應用於個人信貸評價、風險評估報告、客戶自動評級甚至交叉比對外部資料，以評估產業整體景氣等工作。

總的來說，世界各國對於個資保護的法規嚴謹程度不盡相同，加上歐盟最近祭出的一般資料保護規範（GDPR）政策，以致歐美國家的金融科技雖然活絡，但擴張相較於中國難上許多。

❖ 製造業的大航海時代

最後要談的，是製造業。

經由一連幾波對抗中國廉價製造與所謂「紅色供應鏈」的衝擊，國內製造業大幅度體質改造基本上已經完成，透過供應鏈整

合，度過了傳產業風險期。五年來的中美貿易戰，加上疫情期間供應鏈的時連時斷，都讓部分國家經濟受害；然而「智慧製造」（或稱「工業4.0」）的風潮已席捲全球，無論是享譽國際的中型企業，或許多撐起臺灣經濟重要支柱的MIT（台灣製造）隱形冠軍產業，面對全球大環境瞬息萬變的趨勢，早已紛紛運用虛實整合系統，導入雲端技術、大數據、物聯網、智慧機器人等AI技術，邁向智慧製造之列。例如經濟部編列經費，補助業者導入數位化生產，協助中小企業導入智慧製造生產，就是小國科技戰略的核心價值。

這方面，產業AI化是其中的一個可能切入方向，讓各行各業擁抱AI來提升產業競爭力，例如製造業靠AI發展智慧工廠、電商靠AI展開個人化行銷或B2C等。隨著產業形成眾多AI需求後，就有可能逐漸形成AI產業，當然也可能出現以AI為主要產品與服務的公司之可能性，讓臺灣開始進入AI產業化的發展。

另一個可能的方向則是政府機構的數位轉型。臺灣政府導入數位科技的腳步，在國際上已經接近是模範生了，但在數位轉型上卻不得其門而入。2022年成立的數位發展部是一個顯而易見的機會：政府也可以模仿企業導入數位轉型，不論中央政府或是地方政府，都可以用AI技術來提升服務民眾的效率，尤其，政府大力推行數位轉型後，也能進一步驅動產業的數位發展。

歐美人力成本高的國家就更不用說了，全都憧憬著讓傳統製造業轉型為工業4.0，所以在創投公司的領路下，不到兩年，美國舊金山和矽谷一帶的AI新創公司就由謹慎評估到擁抱AI產業，口號是：「AI產業化＋產業AI化」。

　　他們認為，只要 AI 接地氣了就能成功，所以在主流創投資金的協助下，最近半年如雨後春筍般地成立了新創公司辦公室；像五百年前「大航海時代」來臨時一般，每一位探險家都擁有一條船了，爭相協助將傳統產業 AI 化。這些年輕的公司資本額不高，但對於將美國傳產業 AI 化信心滿滿，像是史丹佛大學吳恩達教授從中國百度公司辭職後，就在舊金山灣區成立了 Deeplearning.AI 及 Landing.AI 公司；此外，像 Sight Machine、Noodle.AI 這幾家公司的創辦人，也都曾經在跨國公司如 GE 或 IBM 工作多年，現在則全方位投入以 AI 改造美國傳統產業的行列。

　　傳統製造業的 AI 化，也許不如服務業或金融業那樣容易上手，但以我和幾間公司交流的經驗看來，前景似乎相當樂觀，AI 業者都以勢在必得之姿在各種製造業上卡位。以某一家 AI 公司輔導位於阿肯薩斯州、年營收額 13 億美元的 BRS 鋼鐵公司為例，這家 AI 公司便一舉將該公司提升為號稱「世界第一家智慧型鋼鐵製造公司」；包括市場與物流行銷管理、製程及性能最佳化、能源管理及工程部門之 AI 自動化等，目的在設計全面 AI 化之工作場域，協助將機台導入設備聯網，以機器人整合智慧機台及其他廠務設備，運用機聯網讓設備間互相搭配及協作，透過數據蒐集及監控系統，進行諸如資訊監視、異常工作警報、設備維管、昂貴機組壽命管理等工作，同時結合既有之企業資源規劃系統進行數位資源規劃；在產品資料管理系統上，以先進製程控制軟體同步生產指令、物料資訊、生產資訊、設備資訊，進行數據分析透明與 AI 化，並把過去依賴人工作業的流程轉換成自動化生產管理，即時線上追蹤生產狀況。這也難怪，幾年前我在訪問 BRS 鋼

鐵公司時，他們形容自己的煉鋼爐和重型設備「好像一台AI自駕車」，雖然轉型後上路第一天無法自行導航，但經過多次學習後，AI演算法會自動協助員工處理製程上的最佳決策。

❖ 氣候數位化，農民也AI

　　台灣的本土產業也不遑多讓。因應大型語言模型的導入，在生成式AI的加持下，許多本土產業都正在快速從事各式AI創新；舉個例子來說，農業生成式AI技術可以協助農民進行種植風險預測與治理。

　　傳統上，天氣預報機構的責任是提高氣候預測的準確度，主要是方便生活在都市的民眾，藉以決定出門時的穿著或要不要攜帶雨具；但是農友們感興趣的議題當然是農漁業氣象，使用者的落差加上缺乏更人性化的解釋，往往讓預測結果造成了斷點。生成式AI可以實際以指定地點外加種植的農作物為需求，提供更為妥適之個人化的生成種植規劃與建議，甚至有可能做到推薦插秧及收成的規劃，像是科技業者與高雄市美濃區農會合作，根據過去40年之氣候溫度資料，可以做到大規模地從過去的統計數據及專家繪製的圖表，以基層農民可以聽得懂的方式解釋生成式農村氣候變遷說明報告、農業與氣候變遷的關係、甚至於栽培防災建議，對農政單位推展農業與氣候變遷的溝通有很大的幫助。

❖ 你想得到的，生成式AI幾乎都做得到

　　另一個新創公司使用生成式AI來進行精準行銷的案例也相當有趣。

　　2023 年 Adobe MAX 2023 令人震驚的生成式 AI，展示了許多產業都能應用來創意發想的技術；這個設計工具，可以幫助設計師甚至一般的電子商務業者，來具象化產品銷售的創意想像。

　　舉例來說，零售業者或是品牌電商為了行銷時更精確，有時會以更沉浸式的廣告文案來吸引消費者關注焦點產品，這時拍攝或製作的成本自然就高出許多，例如賣寒帶的羽絨衣，顯然就要配上其他裝備，加上在雪地裡行走的影像，才能打動消費者買單；有了生成式 AI 之後，就可以輕易在簡單的攝影棚內完成初稿，再後製成各式各樣的雪地風貌，別說穿上這個品牌的羽絨衣「登上玉山」輕而易舉，就連喜馬拉雅山或 K2 都不會是什麼難事。

　　另外一個經常困擾電子商務業者行銷廣告製作的，是女性模特兒代言的性感內衣拍攝，經常讓製作方傷透腦筋；如今既然有了生成式 AI，就再也不是什麼難題，不管是不同的尺碼、花色、肩帶設計風格等，或是不同場景如浪漫的夜景或甚至凡爾賽宮般的背景，都能迅速生成，而讓購買者心動到沒有考慮的空間；甚至於還可以配合 KOL 的需求，自動產生圖文並茂的廣告行銷內容。想像一下，只需要在攝影棚內拍個穿登山鞋的模特兒，你就可以很快地配合精準行銷規劃，將畫面轉換成在花蓮秀姑巒溪上泛舟或在北海道踏雪而行，根據產品訴求之素材，還能輕鬆加上防水、透氣、舒適與避震的種種元素，誰還拒絕得了生成式 AI 呢？

站對風口，大象也能飛起來

　　理論上，也許 AI 模型仍然不容易取代那些經驗老到且靠「類比頭腦」做決策的資深員工，但從各行各業鋪天蓋地使用 AI 技術來進行生產自動化或服務最佳化工作的趨勢來看，各項 AI 技術的成熟度已猶如握於手上的現代化羅盤與航海術，這一次，AI 的大航海時代似乎已真的來臨，台灣的各行各業，都應該準備好正面迎擊 AI 時代的浪潮。

　　江湖上傳說，只要站對了風口，笨重的大象也能飛起來；那麼，在這個數位轉型的關鍵時刻，你（妳）站對地方了嗎？

第4章

傳產業數位轉型必勝密技

　　對優秀的企業而言，數位轉型根本是毫無選擇的王道。有遠見的公司自己就會開創出自我數位轉型的策略，那一些沒有能力進行轉型的公司，當然就等著被淘汰了。

傑夫‧貝佐斯
亞馬遜公司創辦人

　　There is no alternative to digital transformation. Visionary companies will carve out new strategic options for themselves – those that don't adapt will fail.

Jeff Bezos
Founder of Amazon

　　還記得過去風靡一時的廣告詞嗎：「AI──它智慧，你聰明。」

　　說到「過去」，我的 AI 博士學位就是 30 年前在美國拿到的，算是所謂的「第二波 AI 末代傳人」。當時，美蘇冷戰結束不久，矽谷的網際網路產業當道，沒有人預料得到多年後竟然會有「網路泡沫化」的慘狀；我剛頂著 AI 博士頭銜回國時就知道，大家都已經替人工智慧寫好訃聞了，從類神經網路模型到機器學習演算法，全都被打入冷宮，乏人問津──因為沒有人想像得到 AI 能做什麼；就像辛頓（Hinton）教授，我們這一群 AI 博士確實已經設計好了學習演算法，獨缺計算力和充足的訓練資料。

　　數以百計當年開發的演算法，就這樣被晾在圖書館足足 20 年。在這個 AI「失落的 20 年」裡，AI 專家只能默默和其他各種不同產業在應用場域上合作，分析一些現在看起來少得可憐的「小數據」；終於，近年 AI 鹹魚翻身，成為顯學，自忖也該輪到我將人工智慧的精華傳承給下一代去發揚光大了。憑藉過去創立公司的獨特產業敏銳度，一眼就看出，眼下正是以 AI 技術協助台灣產業轉型的大好機會，產業界當然也普遍自我意識到，「數位轉型」應該是一個不可阻擋的趨勢。

　　擁有豐富產學經驗的教授如我，便因此得以派上用場。

　　在那「失落的 20 年」裡，我研究了許多傳統製造業與服務業的技術發展、尤其是產業 AI 化，更是著墨甚深，所以率先提出鼓勵傳產業以創新數位科技與產業需求問題對接的想法，希望以此帶動產業全面數位轉型。

首先，成立一支「數位轉型特攻隊」

　　為了實踐產業 AI 化以推進數位轉型，在經濟部的支持下，我們組成產業數位轉型專家服務團，鏈結北中南超過 30 家產業公協會（包括需求端及供給端），成立數位轉型推動工作小組，促成超過 150 件包括設備製造、生醫健康、零售服務、農漁養殖、循環經濟、運動科學等產業 AI 落地應用案例。

　　當然，這些不同產業的類型與屬性大不相同，比如說，台灣的護國神山半導體製造業的屬性，就一定與機械設備製造業大相逕庭，更不用說，不同垂直領域的服務業差異有多大了。

　　國內一些世界級的科技公司，其實早早就躍躍欲試，已經在不同場域進行數位轉型的布局了，目的就在以大量客戶資料為基礎，延伸至最貼近個人的需求，並以實際的產品或服務應用數位轉型；當然，大型科技公司之外，另一批數以百計，以台北小巨蛋及南港軟體園區為基地的小型新創科技公司，也不遑多讓地在 AI 與數位轉型的議題上盡情發揮。

❖「數位原住民」帶頭衝鋒

　　這批新創公司，是澈底由 30 歲以下的所謂「數位原住民」帶頭，領導一群更年輕的年輕人，很熱血地以破壞式創新的概念，衝撞一些傳統且過去垂直領域深又壁壘分明的產業，加上資金充沛的創投公司在後台撐腰，企圖聯手讓所有產業澈底「數位化」與「AI 化」，藉此爭取擔任領頭羊的機會。

　　例如，其實產業界早已嗅到，「工業 4.0」正在改變製造業的

傳統模式，為了改善生產效率、降低生產成本，以及改善勞動力不足的缺點，製造業者紛紛開始在生產線和整個營運過程中，導入像是物聯網、雲端運算、人工智慧、機器學習與大數據分析等技術，使製造過程能更加聰明與易於客製化，同時提升客戶在使用產品時的特殊體驗。

就以我們比較熟悉的智慧製造業來說，如果國內的某 AI 伺服器生產大廠突然接到一筆訂單——美國客戶的雲端中心要求建置每一台都要價近百萬美元的伺服器機櫃，而且一週之內就必須完成交機時，要如何如期、如值、如預算地達交？

這家 AI 伺服器生產大廠所倚賴的，就是所謂的「24 小時數位化自動生產管理」，從印刷電路板到伺服器所需的數以百種零附件，都以全自動化機械手臂自倉儲系統內快速遞送至生產線上，迅速而精密地組裝 CPU、記憶體等零件，然後以空運或海運的方式送到客戶的手上，生產、組裝的時間總共還不到 5 天。

❖ 服務業面面俱到的數位轉型

服務業的轉型與進化，更是從來就沒有停止過。從早期的「柑仔店」式販售轉型到現在的 OMO 虛實整合模式，從過去的產品 vs. 服務到實體 vs. 線上，再到現在及未來會流行的「數據賦能」，台灣的服務業一直都在轉型，也就是「唯一不變的就是變」。

在數位轉型的過程中，業者的首要工作，就是整合消費者光顧實體店面之軌跡（也就是「線下軌跡」），包括即時的門市店面人流、POS 交易資料，加上記錄下來的會員過去購買資料與線上

瀏覽軌跡，以達到精準行銷之目的。

　　當然，業者更必須根據產業技術需求與導入數位轉型之準備成熟度，協助找尋與開發完整之數據蒐集與分析工具，以便產出具共通性、甚至有特異性之解決方案，也可進一步帶動產業快速應用與未來上下游供應鏈體系之擴展。

　　舉例來說，產業可以建置出適合自己使用的優化訂單流程自動化（RPA）模組，或是考量企業內部銷售資料來源眾多，也可即時上傳銷售資料，透過雲端計算、分析，有效降低人工作業的失誤率。

　　此外，商情蒐集模組也是另一個關鍵基礎設施。傳統企業級的商情蒐集模組大都使用日本的幾個大型情報訂閱機制，由他們依據付費高低，提供廠商目標市場、產品及商情類型等情報，定期取得目標市場最新政策法規、消費型態之相關數據；但是，進入 10 倍速的數位時代後，商情蒐集勢必需要更精準地取得與自己企業或是競爭對手及與整體產業相關的資訊，也就是除了關鍵字設定之外，還應加入分析應用，以及聰明的市場調查與預測功能，以「商情儀表板」為介面，即時提供產業資料指標分析，如市場結構、消費趨勢等主題式交叉分析，以及輿情資料、商品評論等特定資訊蒐集，藉以研定商業行銷營運策略。

　　這樣的數位轉型所使用的，都是引領產業聚焦於未來市場的前瞻性、戰略性之重要科技。台灣的傳統製造業與服務業，目前正有機會重新塑造全新的產業環境及品牌模式，一方面藉此轉型機會帶動產業生態，另一方面也對產業生態進行全面性的結構調整。

　　過去，不少新創公司、資訊服務業者、資通訊業者一直苦無這樣絕佳的合作機會，今天國內的各製造業領域之產業量能都已到位，以製造業與服務業之硬體需求扮演經濟推力、以資訊服務業之軟體實力為形塑拉力，當有機會鏈結國際夥伴之訂單時，自可促進傳統產業逐步實踐數位轉型於各個不同之垂直產業落地，最終達到以智慧科技立國之願景。

其次，針對產業自我屬性訂定「策略規劃」

　　由於國內外環境及市場變化快速，政府機關為協助國內產業與時俱進，勢必首先獎勵產業導入數位工具應用，以開發國內外新市場、新通路及精準客製，並生產符合消費需求的產品，逐步進行數位轉型。

　　由於台灣各產業一向以中小企業為主力，在專業人力欠缺的窘境下，第一步能夠做到的，就是產業內部開誠布公、盤點自我弱項，以釐清數位轉型時所需面對的環境問題及該有的期待；半開玩笑地說，就像是先準備一個數位轉型的「許願池」，在內部檢討與盤點的過程中，大家都可以把逐漸形成、想要達標的願望放入許願池。

　　至於資源的盤點，建議以產業之營運體質、數位體質、財務體質、人力資源、組織文化、領導風格等議題為主軸；用管理學的語言來說，也就是「訂定公司策略規劃」；而這個產業策略規劃，當然必須納入數位化與數位優化。坊間的數位轉型書籍與文章，大致上都已對數位化與數位優化有清楚的說明與定義，在此

就不贅述。

　　本書中只將數位化廣義解讀為建置軟硬體的資訊管理環境，包括利用資訊科技或演算法提升產品或服務品質、管控工作進度等的基礎建設。

❖ 數位化可以輕鬆縮短作業時間、降低成本

　　產業不同，數位化的方向和作法當然也會有所不同，例如製造業勢必會需要的，是訂單格式標準化及傳輸數位化之類的轉型，不久之前，台灣甚至還有一些企業透過紙本需求來登打訂單，或是以傳真及Line收受訂單（如圖4）。服務業與其他新興產業就很不一樣了，由於電腦化比較早，所以也許在縮短訂單作業

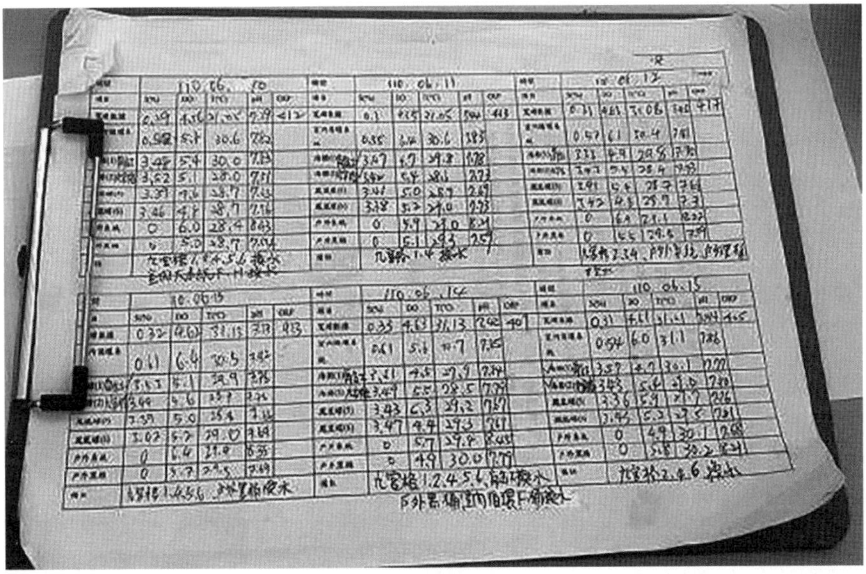

圖 4：國內中小企業常以紙張記錄生產與下訂單

時間這個議題上，比較受到重視的，會是類似過去主管或經營職人都有的預估訂單之經驗值，但在導入更複雜的數位工具後，卻無法數據化這一套經驗值，只能透過口耳相傳，相當可惜。

舉一個在地的實際例子來說明好了。不知道讀者有沒有在颱風夜嚐過五星級紅燒牛肉麵的經驗？位於彰化的饗城公司，就是以美食購物網供應冷凍美食、滴雞精、以及年菜等產品而逐漸擴大規模，然而過去因為進貨管理未與 ERP 串聯，以致排程無法精準掌控，必須耗費人工來確認訂單，當然最後導致產品溯源不完整。透過數位轉型以建立收、驗、出貨管理系統後，饗城公司不僅降低人工作業可能導致的錯誤，更提升庫存的精準度，節省不少的成本，也建立了良好的品牌形象。

除了一定可以縮短作業時間之外，數位化還有一個很大的吸引力——降低成本（不論是生產成本還是服務成本）。單就製造業而言，一旦生產過程可以達到自動串聯不同生產階段的數據，自然可以做到諸如節省生產機台之調整與更動時間，以及更進一步完善所有原料的備料管理，甚至將來都可以做到加速原料至成品的溯源與追蹤。這個部分會在稍後的案例解析中詳細介紹。

❖ 第一波數位化只是一支一壘安打

數位化最終極的目標，當然是要達到產業的數位轉型，而不管是透過數位科技創造差異化，還是提高任何產業之競爭力，都算是一種創新的轉型。轉型成功後，便能提升內部營運效率、增進良好顧客關係、開創新產品、新服務、新市場或新商業模式，達到增進企業數位創新能力及彈性。

　　不過，在達到成功數位轉型前會有一個過渡期，產業界普遍稱之為「數位優化」，意思就是，數位化之後有一個階段性的成果可以秀給老闆看，當然期待老闆不要因為數位化初步成果甚佳，然後就結束轉型了。

　　就像打棒球一樣，第一波數位化只能說是擊出了一壘安打，緊接著還要進展到數位優化，也就是在這同一局裡擊出另一支安打，如果這支安打不是長打，只能把跑者送上二壘，就要再擊出安打才有可能真正得分。

　　這個數位優化，也有令人眼睛一亮的賣點。以製造業為例，最期待的是提高生產效率或增加產品行銷管道，那麼，當然就可以在數位優化的過程中分析數位化的生產數據並運用於生產決策，同時還可以做到即時監測關鍵的製程數據，也就是再擊出安打，那麼，就距離能夠精準預測生產效率（得分）不遠了（如圖5）。

　　在增加產品行銷管道方面，也拜數位化之賜，不論是B2B或是B2C，甚至於B2B2C，有了銷售數據之後，自然可以依數據導向來預測消費喜好，甚至可以做到以消費者為中心，運用數位優勢來促進行銷活動（如圖6）。

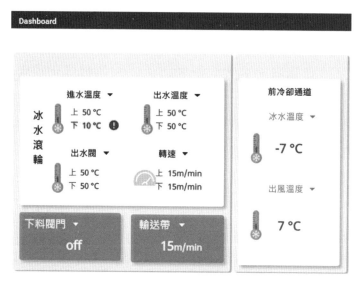

圖 5 ：初步達到數位化後，就有完整的資料可以呈現在資訊看板上

典型產業轉型之策略規劃

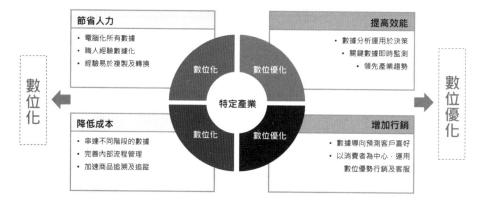

圖6：產業轉型策略規劃範例

然後，形塑產業轉型之「路徑指引」

　　過去我長期在醫院管理最有價值而且充滿隱私的醫療數據，所以對於各科部醫師琳瑯滿目的「指引」一點都不陌生。但在產業界裡，特別是傳統產業，常常是老闆說了就算，哪有什麼標準的作業程序SOP可言？比較大一點或說稍具規模的企業，才可能上下一體遵行所謂的「指引」；這是因為，有了指引，本來容易犯錯或容易忽略的細節就會得到明確的提醒。這種SOP，特別是國際級產業的數位轉型經驗內化得來的臺灣本土化數位轉型策略規劃及路徑指引，是有其必要性的。

❖ 關鍵第一步：設定清晰的數位轉型目標

　　以有意打入歐洲市場的電鍍高級餐具業者為例，如今大家都可以根據往時業者和歐盟打交道的經驗，進行表面處理廠的數位轉型，勢必有利於進入歐洲新市場、獲取新客戶。

　　外銷如此，內銷也不例外。以目前國內全年產值超過6000億元，與我們每日生活息息相關的「食品製造業」為例，國內單是為製造食品而設立的工廠就超過7000家，九成以上都屬中小型企業，所以常見的問題無非產業人力老化、投資資金有限、製程依賴老師傅經驗或紙本記錄等等，對數位工具之認知及掌握度普遍不足，加上產品開發速度慢和服務創新難度高，更不用談突破舊行銷模式和創造產品價值了，所以亟需參照國際食品產業數位轉型經驗，並綜合國內食品廠商數位轉型時遇到的問題，訂定可循序漸進並容易遵守的指引，提供廠商進行數位轉型之參考。

以鼎鼎大名的新竹海瑞食品為例,過去以海瑞貢丸象徵新竹貢丸的代表品牌,但近年因其他品牌崛起而不斷瓜分市場,所以下決心實現數位轉型,努力藉由網路評論、產品定位與輿情分析,成功地加速了解與掌握消費者口味變化,並經由行銷策略分析迅速調整產品銷售模式,成功鞏固了龍頭地位。

不只是食品製造業,對任何產業來說,先設定清晰的數位轉型目標都是數位轉型成功的關鍵第一步。有了清晰的數位轉型目標之後,產業就可依據全球大環境趨勢及變化,在了解自身後,面對未來創造新市場、新通路及新產品價值的關鍵問題或機會,進一步以具體的數位轉型目標,有效與轉型顧問團隊或利益相關企業組織——例如上下游協力廠商或生態圈夥伴——溝通,確實以數位工具來有效解決問題。

❖ 未來產業及供應鏈的新優勢能量

這個路徑指引,不僅可以協助產業評估自身內部與外部資源何在,甚至包含軟體(含人員)及硬體(含設備)之數位能量,因為數位工具勢必會成為未來產業及供應鏈的新優勢能量,是公司寶貴的資產;路徑指引更可以讓企業深刻了解自身經營及創新之關鍵問題所在,也就是說,在數位世界的視角下,是否能夠呈現創造產品、服務、製程及供應鏈的「資訊透明狀態」(如圖7)。

換一個角度來說,經過執行完整的策略規劃,應該就會讓公司的決策者更清楚該公司在整體產業中的定位或是優劣勢。以服務業的小型電商為例,得到的結論就是在上架費應該更謹慎,也該與物流業進行策略聯盟以提高達交率,並增加交貨保證時間之

彈性；接著就會重新再分配時間與資源配置，因為一旦決策者已
對數位轉型的意義了然於胸，短期內可能創造出什麼新市場價值
或長期有什麼可能的新利基，方向就應該呼之欲出了。

　　舉例來說，疫情後的新常態供應鏈發展到底是利基或是困
境？從路徑指引的圖中可以看到，首當其衝的就是供應鏈重構，
或是供應模式之生態系重構，當你看到原料供應的不穩定可能導
致消費市場的限縮，所以勢必開發或活絡替代原料，而且要透過
消費需求的觀測來因應，而這方面正是數位轉型之後的優勢。當
然，那一些無法及時因應供應鏈變更之產業，勢必就是被淘汰的

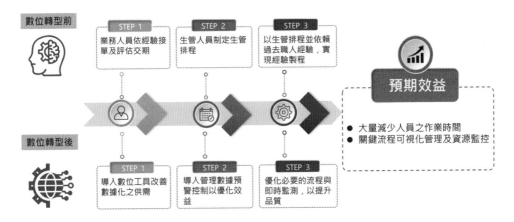

圖 7：產業形塑市場定位與轉型指引範例

那一群企業了。

　　另外一個目前國內中小企業或傳統產業普遍存在的問題，就是數位化的體質仍然稍嫌薄弱，難以在數位轉型上順暢應用 AI；這是因為，基本上已投入數位化運作的業務大都以銷售管理或財務管理為主，生產管理方面大都因為初期評估投資成本過高，或是擔心投資回收期太長，一次又一次被否決掉。之所以會有這種情形，通常都源於不了解國際上的成功數位轉型應用經驗及案例，也因為國內廠商普遍不曾投入夠多資金於資訊設備及軟體，所以容易輕忽生產管理上的效益；經營者往往只看到放大產品規模的優點，所以願意投資產線的擴充，卻忽略了這些資訊設備加上其操作軟體所可能帶來的好處，這也是我撰寫本書的最重要目的──企業需要的是「賺錢的 AI」，而不是「花錢的 AI」。

最後，建立可獲利之「新商業模式」

　　前文已一再強調，數位轉型的關鍵不在電腦、系統、策略，而在人，所以這個可獲利之新商業模式，勢必是由「人」創造出來的。

　　進行數位轉型時，許多企業都會先建置專案團隊來專責溝通及執行。事實上，為了持續設計、進行溝通及精進企業的數位轉型規劃，且日後能進行精準決策，企業的數位轉型投入不能只有決策者和少數高階主管，除了要有宣示性質的高階主管參與外，最好公司上下都能一致清楚轉型的目標；有的公司以一組專責專案團隊統籌執行，有的公司則是以內部文件進行指導，都各有優

缺點。

❖ 愈多人參與，轉型成功的機會就愈大

　　新冠肺炎加快了數位的發展，各種產業的典範也不斷在轉移中，任何企業都無法置身事外，不能求新求變的，最後只會被淘汰。重要的是，全體成員共同參與的成功機會最大，因為數位轉型不可能一如預期地順利進行，勢必經過多次的衝突與妥協，甚至是多次嘗試錯誤之後，才可能達到預期的成果。只要確定對內及對外跨域跨業可有效溝通及合作，建立適合且敏捷的合作機制即可。

　　正因為數位轉型的實質意義在於企業重新定義商業模式、營運流程與客戶體驗，並且進一步找到提升競爭力與創造營收的方式，所以勢必會從「商機」中發現新的商業模式與服務，例如疫情期間，大家突然注意到「宅經濟」成為社會經濟的新典範。然而，疫情初期的線上服務其實是有些「不得已而為之」的，因為有許多人是真的第一次使用線上服務，但在消費者發現「線上也很方便」之後，就變成了生活中的一個習慣，所以即使疫情已經結束，宅經濟依然活絡，繼續以線上商業行為為基調，擴展到傳統產業或中小企業上（如圖8）。

❖ 因應新的顧客行為尋找轉型策略

　　這樣的不接觸式服務，所擴散到的商業需求會迅速增加，甚至於誇張的說，可能將來所有的服務業都必須以線上為基礎，重新定義產業的創新商業模式；也就是說，各服務業領域都應該思

考如何對顧客提供不接觸式的服務。緊接下來的連鎖效應，就是不接觸式的金融服務應該如何安全實現了。

　　另一個好例子，是口罩國家隊的成員廠商。在新冠肺炎期間，口罩製造商不惜投下巨額成本擴增生產線，以達到足夠供應國內需求的產能，促使臺灣的口罩產能達到日產 3000 萬片（當時全國人口總數 2300 萬），不但足以供應民眾所需，還得以開展口罩外交。然而就連你我都想像得到，疫情結束之後口罩的需求必然大減，怎麼辦呢？

　　沒錯，這些生產廠商就該進行下一波的「轉型」，例如可以轉而繼續生產價位較高、且有設計感的美觀口罩，或是醫療業始終有不少需求的 N95 口罩、手術用口罩等，甚至轉向關注半導體產業需求極大的不織布。因為基礎加工設備極其類似，所以不少口罩業者轉向防塵衣、防塵帽或高階防靜電無塵衣的生產；要是沒有數位工具協助，這些轉型就很難達到成效。

❖「不接觸式服務」的數位轉型

　　健身中心與美髮業者，則是相對於口罩業的疫情受害者。由於疫情期間顧客不願進入實體店面，但很在意自我健康管理或外貌形象的族群依然有健身與美妝的需求，所以應運而起的「不接觸式服務」，就成了線上健身教練或線上美容專家提供諮詢的新產業了。有的美妝業者還不只提供美容服務資訊，甚至創建了健康或美容用品宅配到府的訂閱經濟模式，也成了一門新生意。

　　搭上這趟便車的資訊業者，則藉由運動科技，轉型成以科技產品面向來輔助健身與體重管理的產業，例如以智慧型螢幕搭上

在家運動的順風車，推出鼓勵民眾在家運動的居家運動系統，不但符合宅經濟，甚至延伸至更廣的生態系，例如每日個人的健康記錄（卡路里）與管理、運動目標管理等，創造了全新的廣大需求。

舉例來說，國內某品牌健身器材公司就在疫情期間神速推出一款壁掛式與直立式的運動教練螢幕，不但有完整的教練課程內容與平台，還能讓使用者把直立式螢幕當作個人化的運動教練；而當這樣的設備走入許多家庭之後，想像空間就更大了 —— 商業模式可以結合運動、生理檢測、健康檢測等功能，延伸至其他生態系，如每日健康記錄（卡路里）與管理、運動目標管理、社群互動，甚至可聚焦銀髮族，提供卡拉OK點唱等服務，推薦線上美容、做菜課程、太極拳、瑜珈課程……更是小菜一碟。另外值得一提的，還有運動成果分析顯示，透過好友團體排名，參與週、月、季與年度競賽活動、社群分群比賽競賽……，甚至可以設計訓練項目，讓使用者鍛鍊肌力、肌耐力、協調力等。

❖ 梳理數據加上逆向思考，找出新的路徑指引

當有經驗的決策者思考到國內在六都形成六大都會區後，在都市化下千禧年世代的生活型態可能有所改變，當然也就知道，各個產業都必須投入研發新型態服務，以因應消費客群之都市化、分眾細化等新興議題，以及理解轉變後的新飲食生活型態將受惠於客製化及共享經濟之因素（如圖9）；或是線上及社群行銷之蓬勃發展，有沒有可能會引起特色產品之在地價值被強化，甚至結合區塊鏈之新興科技工具，進行不可竄改之履歷產業鏈流程

及製程之革新。

更重要的是，當產業面對人口結構轉變之危機時，首當其衝的，就是消費人口結構高齡化和產業勞動力不足的困境。這時，正確的「路徑指引」就會引導決策者思考：是否有機會設計、開發超高齡社會福利及需求的新產品，例如高齡者及其家庭之機能飲食生活模式，及產品服務的標竿典範形象之建置，甚至思考專為長者設計之客製餐食開發（以及以此拓展新外銷市場）的機會，就會是另一個「逆向思考」的好例子了。

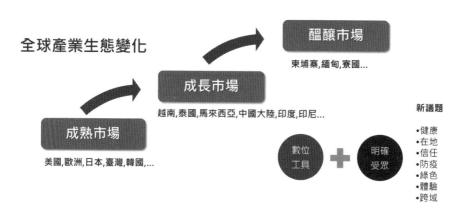

圖8：企業形塑市場定位進而建立商業模式

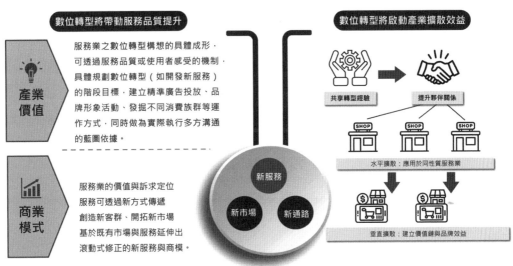

圖9：一般服務業未來可發展之商業模式概念

第二篇

數位轉型的 8 大議題

第5章

產業數位轉型案例解析

改變是生命的基本定律，只專注於過去和現在的人，必將錯過未來。

約翰‧甘迺迪（1917-1963）
美國第35任總統

Change is the law of life and those who look only to the past or present are certain to miss the future.

John F. Kennedy (1917-1963)
35th President of the U.S.A.

主題 I

生產與備料數據多為人工與紙本，容易出錯且效率不高

有人說理想是豐滿的，現實是骨感的。

大部分的傳產製造業雖然賺錢，但廠房設備皆有一些年紀了，尤其在中南部地區的傳產業之中，外籍移工占很大的比例，多數老闆會指派外籍移工做一些重複性且不用語言溝通的工作，例如每30分鐘或1個小時進產線抄寫機台溫度，用手抄數據記載機台長期運轉狀態、溫度變化，或是大型水槽的水質pH值變化等工作。

由於使用手抄方式記錄機器儀表上一個小小的數據，因此偶爾會出現失誤，例如將24.7度誤抄為27.4度的可能性相當高，進而無法正確判斷何時該維修機器設備，嚴重時可能導致生產線停擺。人工抄寫時一個小數點的錯誤，就有可能造成後續生產線上的大災難。

幾年前，南部某知名大型糖果生產工廠就曾經發生一起因資料以人工記載而導致生產線大停機的事件，造成的嚴重損失震驚了業界。該公司主要是生產各種口味的巧克力棒加工產品，擁有六條生產線，在二班制的情況下運作。在生產過程中，液態巧克力原物料置於直徑8吋、內徑超過20公分的管路中。為了在冬天保持原料的液態，於是使用水蒸氣外管加溫，並在上方採用外露式管道間的輸送管路。不料某個夜間值班人員未留意，肉眼抄

寫溫度時出了一個小錯誤，導致液態物不斷被加溫，最終管路爆裂，數千公斤的原料巧克力從天而降，生產線全毀。光是清除這些巧克力就花了將近兩個星期，造成不小的損失。

在傳產業中，手寫的生產數據過於潦草，對於非記錄者來說解讀不易，更不用提手抄寫可能的失誤。因此，精確的電子化數據記錄勢必是解決方案。隨著今日製造業進行數位化轉型，生產與製程得以完善管理，這不僅有助於穩定生產線運作，還能夠提供原料倉儲精確的「進、存、銷」資料。經過數位轉型，製造業勢必能夠實現老闆對公司產品願景的「快、準、暢」，全面數位記錄進料、領料、庫存量原物料等相關資訊已經變得不可或缺。

> 數位化是一個典型的勸誘科技，循循善誘且一步一步到位。

❖ 數據數位化 Know-How

最有機會改善的時機點是在產業訂定「策略規劃」時，就聚焦於積極採用數位化工具的議題上。在這階段，可著重**導入便捷的數位化手段**，以取代紙本的記載，例如以 PDA、平板電腦、智慧型手機或 QR 掃描設備，協助員工將紙本資料快速轉換成數位格式，從而提高數據收集的效率並減少錯誤。

除了手持數位設備之外，當然也可以**利用自動化工具**，例如光學字元識別（OCR）技術，將過去的紙本資料自動轉換為數位格式。此外，透過機器學習和自然語言處理技術，可以對數據自動標記、分類和修復數據錯誤，從而大幅減少手動輸入和降低錯

誤發生率。

　　接下來應該考慮**數據輸入之驗證機制**，目的在於確保數據的準確性。這可以包括自動驗證規則，用以檢測可能的錯誤，並進行警告或修正。最後就是留意在數位化之後，應該要**制定數據品質控制流程**，包括進行數據清理、去除重覆、定期維護數據等步驟，以確保數據一致性和高可信度。

　　除此之外，還要**制定人員培訓計畫**，以確保員工能夠順利操作數位工具。培訓包括提高員工的數位敏感度，使其適應新的數位工具和生產流程。**老闆應鼓勵員工一同積極參與數位轉型，提高公司的生產力。**

　　執行完整的策略規劃之後，公司決策者應會更清楚公司在整體產業中的定位，並據此形塑產業轉型的「路徑指引」，用以評估內部與外部的數位資源所在，最重要的是清點自家產業中整體軟硬體的數位能量。像是食品製造業可以應用數位資源中的商品輿情分析系統於市場趨勢分析，以提升產品競爭力，傳統黑手設備製造業也可以融入目前國產設備中的強項IoT監控系統，將來部署於生產線上時可即時掌握標準化流程，更有效地達成數位轉型。

❖ 生產機台的健康管理

　　數據數位化的應用可用現在流行的穿戴裝置來類比。電子手環會在日常我們不會留意的時候記錄大量的數據，例如行走步數、血壓、體溫、生活型態、打卡，甚至健康或疾病樣態的數據。這些記錄可用來觀測一個人的健康狀態，成為個人健康資料

的一部分。反過來，我們可以透過這些資訊調整個人生活型態，進而預防疾病。

另外，我們每天在社群媒體上的打卡和發文，也可以透過分析來判斷個人的心理或生理狀態，形成另一種隱含的個人健康資訊。醫療院所的醫師透過問診、累積的健康資料、以及其醫療看診經驗，再根據過去的病歷，迅速判斷病人罹患了什麼樣的疾病。

一樣的道理，過去生產線上的老師傅擁有多年專業經驗，也許是透過耳朵聽、鼻子聞、用手摸，就可以大約知道機台的健康狀態。但對於產業來說，經過了數位化的精進，就能夠每天詳細監控生產記錄，讓可以聯網的生產設備持續累積數據。這些時間序列資料看似無意義，長此以往卻能比較出超過100台不同組機台間的微量差異，自然也可以判斷某台機器皮帶輪的壽命是否下個月就需要立刻換新，不能等到歲修了。

生產記錄與訂單交期之間的關係，就如同於智慧手環和健康（疾病）樣態之間的關係。若能結合更完整的生產資料記錄，便能實現智慧製造上個人化的生產機台（健康）歷程管理。個別的機台狀況將能透過資料即時呈現，讓現場管理人員更容易了解特定故障的樣態與趨勢，甚至可以指定長期追蹤整個製程中最重要的核心機台，其重要性自然不可言喻。

那麼，在製造業全面革新的製造4.0之下，將來任何產業的生產流程、品管流程、品質保證流程甚至於所有進、存、銷物料的數位記錄與產品交期預測，都將如同健康手環所扮演的角色。

黑手製造業也有大黑、中黑、小黑

　　在製造業裡，單是細分成專業之應用領域就有不下於100種不同的設備製造類型。所以只要一提到屬於所謂「黑手」的製造業，大家一定加問一句，是「哪一種黑」？

　　製造業的「大黑」指的是那些擁有大型揮汗如雨的廠房，需倚賴電動及氣動大型機具輔助操作的生產環境；「中黑」指的是半自動或自動化生產線上，搭載諸如儀表或CNC車沖床等電腦輔助操作的設備類型；「小黑」指的是那些在冷氣房或是無塵室運作的全自動化生產線，屬於高度自動控制的精密設備，幾乎不容許停機，並以日本業者為代表。這種輕鬆幽默的表達方式能讓人感受到其實際情境。

❖ 善用科技將生產資料數位化成電子表單

　　台灣本土的設備製造業一直以「中黑」型的自動化設備、中階半導體加工或封測設備、傳感系統及元件等產品之製造為主力。然而當世界各地疫情反覆不定，遠距工作及遠距服務客戶成為疫後企業必備模式，勢必將帶動工業機器人、服務型機器人、電動車製造設備、半導體製程或封測設備及各式自動化設備需求持續成長。這些大量需求也相對刺激了新一波的機台汰換潮，當然新機台皆配備數位化的記錄擷取裝置。

　　然而傳統上多數製造業仍使用人力定期記載機台運轉狀態，這些定期狀態記錄包括了像是水槽溫度、水質變化等數值。由於這些數據是由人工手抄，往往會有準確度不夠的問題，甚至難以

判斷何時該維修機器設備。在嚴重的情況下甚至導致生產線停工。更糟糕的是由於人工抄寫可能的小數點錯誤，引發生產線上的大災難（如圖10）。

為了減少機台因維護或停工造成的損失，傳產業者應逐步建立機台所需的進水pH值及流水量記錄，未來建立水質即時預測及預警模型，以及管理用的可視化平台。然而一些老闆寧願選擇改裝現有機台，增加其存取數據的功能，而不願意購買具有數位化記錄擷取裝置的新機。

■建置生產系統數據資料庫

導入產業數位轉型的第一步仍然是將所有相關記錄與數據數位化，亦即將老師傅用看、用聽、用摸的習慣，改為將即時數據存入資料庫。這可以透過引導電腦工程師和有經驗的現場老師傅聯手合作，共同建置像是完整的生產系統及數據記錄資料庫，將分散於多個廠區的感測器數據即時回傳到遠端或雲端資料庫。透過可視化平台，可以即時了解水質變化與機台運轉情形，從而免除人工爬上爬下抄寫的繁複程序，並且避免不該有的錯誤發生。

■以數據為基礎建置AI系統

在過去的加工物品檢驗中，通常仰賴廠內經驗相當豐富的老師傅。這些老師傅會在最容易發生異常及瑕疵的工序中，從瑕疵狀況推論可能的成因，進而在重工時調整設備相關設定，以避免同樣的狀況再度出現。但是經驗豐富的老師傅仍然有可能看走眼，或是一時誤判。若能建置一套針對加工程序與環境狀況進行分析及監測的AI系統，這個AI系統可以從過去經驗的具體數值為基礎，學習老師傅的經驗值。建置完畢後，系統可以與老師傅

的經驗值做交叉比對和驗證。這樣的 AI 系統就如同老師傅的嫡傳弟子，能夠及時告知現場人員設備參數的設定建議值，例如用於降低表面電鍍加工廠的瑕疵產生頻率會有很大的助益。

■數位化物料管理

目前國內絕大部分的食品業仍然依賴人工填寫紙本進行進貨、備料、倉儲及生產線等流程，不僅使得原物料整備程度不足時難以迅速找到關鍵原物料，也容易卡在生產線上，延長半成品的生產時間。再加上未能同步給料和人為操作的可能誤差，導致原定的訂單產品與預期不符，例如原本要生產鹹湯圓，結果機器跑出來甜湯圓，這樣的情況就不足為奇了。

防呆式生產記錄數位化主要借助 PDA、掃描條碼及流程自動化等管理模組。這樣的模組可以將資料轉換成特定的資料格式，進而建立有效數位化管理的生產記錄表單。一方面可降低使用手寫白板或紙本記錄的需求，一方面也能更有效地提供串連產品來源和流向的管理記錄，以進行必要的追溯和追蹤。

透過物料管理數位化，不但能記錄秒級或分鐘級的生產資料，並且能有效管理原物料的數量、規格、配方以及操作流程。這樣的數據管理很適合應用於食品生產。例如食品業者可因此優化生產流程，以應對消費者對不同口味的需求，例如花生口味或紅豆口味的甜湯圓。未來有機會進一步將數據轉換為品管或提供給其他部門應用的生管分析表單，例如用來分析良率，進一步可強化多個廠區的生產體質和效能。

若是能將品管分級、自動分秤包裝等功能串接到生產流程中，業者就可以大方宣稱這是「從進到出的全自動 AI 生產」了，

這樣的整合可以大大提高生產線自動化的水準。從產品開發,以科學化及數位化的方式進行生產轉型,尤其在研發與品質管理過程中應用資料集分析產品參數,可以減少新產品上市時的失敗機會,也有助於提升食品安全的管控。

數據數位化帶來的效益

　　對於企業主來說,數位轉型不僅是一種科技應用,更能夠提升生產效率、節省成本,帶來更多的獲利。以下總結將手寫記錄打掉重練,採用數據數位化能帶來的效益:

　　1. **提升效率與節省成本**:以數位化的經營管理,即時掌握生產線狀況,確保品質一致性與效率。這不僅能降低生產線上成品或半成品重工及廢棄率,還能間接降低成本,提高獲利。

　　2. **落實品質管理**:導入環境監控設備以記錄生產流程中例如溫濕度的變化,使生管人員充分掌握標準流程,進一步提升整體生產效率,並增強食品安全自行管控的能力。

　　3. **追蹤原料與產品**:建立倉儲管理系統以提升訂單處理或生產排程的效率,導入易辨識的標籤系統以有效管理原料及產品的流向,避免次級品或重工半成品流入市面。

　　4. **預測瑕疵品和提升全檢精準度**:透過設備參數監測及後續的分析,將可提高瑕疵預檢和全檢的精準度,並且優化內部作業流程。一方面可用來監測及示警設備即時狀況,一方面可做為現場生產或加工處理異常的依據。

　　5. **分析異常資訊並即時調整**:透過監測設備的生產參

數，發現數據異常或特定趨勢出現時，能即時於手機戰情板上顯示異常資訊，並記錄於資料庫中。這有助於現場操作人員即時調整設備狀況，並在後續彙整資料以進行異常分析。

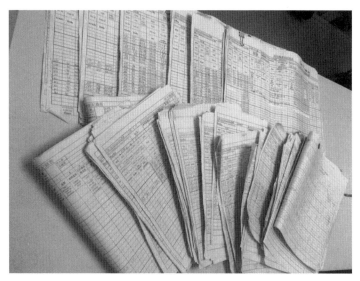

圖10：國內中小企業典型的以紙本記錄生產與營運資料

3K 表面處理產業的悲情城市如何翻轉

製造業既然叫傳產業，自然表示數位化不夠先進。過去傳統產業是典型的 3K 產業（意即日語中「辛苦、骯髒、危險」的工作），工作環境其實相當艱苦。多年來政府已輔導眾多廠商完成產品升級轉型和改善工作環境，以吸引年輕人進入該產業就業，迄今已有相當程度的成效。

舉例來說，表面處理業的應用範疇相當廣闊，涵蓋提升各類產品附加價值的中度技術型產業，光在國內就約有 1300 家相關企業，年產值超過 1000 億元。從傳統的汽車零組件、皮帶扣件、相機外殼，甚至 COACH 或是 LV 提包閃閃發亮的商標都屬於表面處理加工的範圍。典型的表面處理業從事金屬或塑膠及其製品的表面磨光、電鍍、塗覆、烤漆、噴漆、染色及其他化學處理。然而這個產業以中小型企業為主，資本額在新台幣 4000 萬以下的企業占 70%，其廠商及工廠主要分布在新北、彰化、台中等縣市。

這樣的傳產業長久以來因缺乏先進的自動化設備，仍然使用傳統經驗值判斷計算方法，導致無法精算加工表面積，進而造成電鍍用藥浪費。加上近年來環保法規愈趨嚴格，主動取締排放之廢汙水，及消費者環保意識抬頭，對於企業的道德標準提高，這些都是目前所碰到的困境。

目前業者面臨的關鍵問題之一是日趨嚴格的環保法規，特別是對於污染防治的要求。例如，根據環保廢水法規定，電鍍業和金屬表面處理業的基本工業排放量若超過每日 150 立方公尺，其排放水中含鎳、鉻、銅、鋅等重金屬項目的排放標準會受到更嚴

格的管制，這是產業亟須面對的現實問題。

此外，表面處理廠在水資源的使用上也受到法規限制。因此，必須對於整廠的水資源進行詳細的規劃和管理。當然，水的循環使用是克服產業水量的解決方法，這能夠使整廠的水資源更有效被運用，間接提升整廠的產值，同時也為企業提升了綠色生產的形象。

另一方面，在真空鍍膜表面處理的程序中，技術方面存在著因環境因素影響而導致設備參數調整不及的問題，進而引發鍍膜異常狀況。當發現品檢不合格時，就必須針對異常品進行重工，這不僅耗費工廠的人力和材料成本，一直以來也是表面處理產業的心腹大患，也是邁向高階表面處理領域發展的主要障礙。

❖ 善用科技實現原料與產銷數位化管理

對於傳產製造業來說，由於長期與中國製產品競爭，業者普遍感受到數位化升級產品的迫切，因此對轉型有心理上的準備。在這方面，表面處理業者算是相當幸運，就因此開啟了數位轉型的契機。

■ 水洗水回收的 AI 預警機制

透過目前炙手可熱的機器學習和 AI 應用模組，可以成功自動預測製程水洗回收系統的純水產量和濃水產量，同時能夠建立讓系統穩定操作的預警機制。

以金屬表面處理工廠建置的廢水中之重金屬水洗水回收系統為例，簡單說就是透過建立一系列即時而有效的 AI 預警機制，確保水回收系統的穩定維護與管控。例如，即時監控進水的 pH 值，

進一步擴展至後端廢水處理，串聯已知的水量預估，這將有助於優化廢水處理的化學加藥製程。這樣的設計有助於降低生產成本，當然也會大幅提升企業投入的意願。

透過數位轉型的能量，進一步協助建置優化製程與水回收系統預警技術，能夠準確掌握排程、製程參數，並排除潛在的風險因子。舉例來說，擁有一個聰明的自動水回收監控系統時，可以將其應用延伸至後端廢水處理，整合廢水處理加藥製程，精準控管加藥量，從而節省大幅成本並提升廢水處理效率。這對於中小型傳統產業的老闆來說是一個相當大的誘因，能激發他們願意投入資金進行數位轉型（如圖11）。

■化解製造業的痛點：生產與訂單

當然這一切的成果都以數位化為前提。但如果製造業產品規格眾多，或原物料管理仍然採用人工紙本方式，容易導致料帳不一的情況。此外，由於難以精準掌握庫存量，維持常備貨庫存也會帶來額外的壓力，加上消費者喜好迅速改變以及業務單位面臨的新訂單，都是未轉型前製造業的痛點。

一般來說，在生產過程開始前有必要針對線上機台和欲使用之加工物品進行檢測和維護，以確保機台處於可生產的狀態。不可否認的是，過去常需要有經驗豐富的人力去確保設備狀況，並檢查加工配件或模具是否能順利運作。一旦應用了設備聯網的技術，自然可以建立機台和模具的履歷檔案，甚至透過一個應用程式（App）即可一眼查看所有機台的基本資料、狀態、維護記錄等資訊。例如在生產前，操作人員可以使用手機掃描機台條碼，迅速察看設備的狀況，並且可以確認設備是否能正常運作，指出

可能有問題的設備，以便進行加強保養及維護，減少機器故障事件發生。

在生產流程中，追蹤產量和生產工時一直以來是現場人員最耗費時間的步驟。尤其是中型規模的製造業，往往多個機台同時運作，每個機台的產能可能不一致，這時需要仰賴現場生產線上人員協助記錄數據，但手抄記錄往往不夠準確，是以無法正確預估後續產能，也因此無法提升機台的生產效率。

當有了完整的數位化生產計畫，制定了生產目標之後，就不再需要依賴人工紙本來記錄數據了。感測器可以用來監控當前的進度，甚至顯示達成度。這能讓現場管理者依照數據判斷生產進度是否符合計畫，若是速度或進度上有延遲，也可以及時到現場確認原因，制定因應策略，進行障礙排除。

■把老師傅的經驗化為數位資產

位於桃園市偏鄉有一家上櫃的電子連接器生產公司，是一家擁有專業實力的製造工廠，主要生產應用於各種資訊、網通和消費的電子產品。這家公司早在15年前便實現了生產線自動化，然而生管部門的經理多年來一直受到一個核心問題困擾，即在自動化生產線上的機台維修問題。所幸公司培養了兩位經驗十足的老師傅，他們能以目視方式迅速歸納出終端產品的瑕疵樣態；每當QC部門發送簡訊，生產線的橘燈閃爍時，他們能夠即時辨認出某一個機台的某一個零件加工可能導致故障，隨即指揮維修部門在30分鐘內修復，從未失手。這樣的能力往往讓生管部經理深感佩服。但是這些機械維修知識都存在兩位老師傅的大腦裡，難以取代。

隨著兩位老師傅年紀增長，公司在數位轉型中迎來一個偶然

的機會。我親自輔導這家公司進行數位轉型，我們的目的就是將老師傅的寶貴經驗和知識，透過ＡＩ演算法以及其他計算軟體轉化為數位資產，以確保這家公司的生產線繼續維持，不會隨著老師傅退休而喪失效能。

在老師傅的協助下，我們使用統計分析的方式針對特定瑕疵種類進行分析，以找出不同的維修方法。這使得我們能夠建構一套瑕疵維修手冊的標準作業程序（SOP），提供生產部門針對瑕疵自動預測適當的維修方法，甚至未來能夠提前預警，以確保能夠超前部署，維持設備的穩定性。

例如，我們使用簡單的關聯規則演算法，從維修資料中找出維修方式的相互關聯。經過實證結果發現，當某一個進料托夾異常時，可能造成產品側邊的焊線不良，而維修的方法可能是調整托料夾汽缸的氣壓量。當然，造成產品焊線不良的原因可能不只一個，因此需要從過去相同或相似產品的維修資料中進行探勘。在老師傅的協助下，我們很幸運地從各種潛在規則中，梳理出完善的維修SOP，使得生產部門經理可以高枕無憂。

故事還沒說完。最重要的實證關鍵就是在生產與製程過程中，我們擷取了大量的生產資訊。這些數位化的記錄就是成功轉型的關鍵。透過數位記錄，我們能夠詳細記錄每一項零件從供應商到生產線上的所有移動歷史，這不僅能讓我們直接預測故障機台，還能針對每一個零件的需求做分析預測，甚至包括倉儲內的存貨量管理。

此外，假如某一項產品之不良率一直維持在每個月5%左右，公司高層自然會要求提高良率。這時如果沒有完整的生產過程記

錄，實際上很難降低不良率，只能依賴經驗法則猜測。因此，如果能擁有數位化工具，將生產線上所有零件與加工資訊等相關資訊進行完整記錄，並建立特別設計的記錄系統，當系統發現異常數據時，就能自行判斷和確認是哪條生產線上的哪個加工程序造成的疏失。

圖11：現場工作人員進行數位化之安裝感測器以及IoT數位閥門

長照表單多如流水，永遠抄不完

　　對於已開發國家，例如台灣而言，銀髮族長照與安養機構被視為未來社會福利的關鍵產業。但是年輕人對於長照機構的印象常是照服員從事辛苦而繁雜的工作。這種印象在年輕勞動人口減少的情況下，進一步加劇了人力不足的問題。儘管科技無法直接解決機構的人力缺乏問題，但是數位科技確實能夠提升照顧者的專業能力，這是不爭的事實。

　　長照機構普遍面臨的問題包括大量人工紙本的記錄、評估之行政作業，例如記錄個別住民的身心健康狀況，每月、每季為每個住民填寫評估表，這些固定工作需要耗費大量人力，往往導致照護時間減少，進而影響照護品質（圖12）。同時，超過三分之二的老年人患有慢性病，例如高血壓、高血脂和糖尿病等，皆是中風和心血管疾病的危險因子。銀髮族因中風和心血管疾病而衍生的健康和用藥問題，因此也變得相對複雜和具挑戰性。

　　照護工作負荷大，因此人力流動率高，需要耗費大量時間做新員工的教育訓練，以維持照護品質，這是另一個數位轉型導入的契機。當照護人力吃緊時，自然無法讓每位被照顧者都能獲得妥善且差異化的照護，這些都是台灣銀髮照顧機構目前面臨的困境。

　　長照機構因為人力不足還衍生了照護品質無法24小時全天候到位。例如夜間通常是透過排班方式進行，甚至可能依賴外籍照服員。夜間的主動巡視環境安全、記錄翻身情況、處理起床跌倒等工作需要確實執行，這些工作品質關係到機構的評鑑，合格與否直接影響營運許可，也影響機構的信譽。為提升照護品質，一

些機構透過數位化管理與服務，以資訊科技支援日常照護作業，有助於減輕照服員的工作負擔，讓他們能更專注於照護長者，提高整體服務品質與效率。

❖ 善用數位科技提升長者照護品質

■ 自動化和數位化的記錄平台

長照機構的經營者為降低成本，長久以來資訊科技的引進一直不足，尤其在電子表單數位記錄方面。若能引入國產的資通訊技術，例如自動化和數位記錄平台，有望降低每位被照顧者所需的人力，進而提升長照產業的整體負載力，也為資通訊產品擴展了應用場域。

在長照機構中最常用的照顧管理系統就是一個最佳例子。這個系統的功能不僅僅能記錄、評估、分析照護工作，還能完整記錄各種活動、課程，甚至訓練過程，並且可以綜合每一位被照顧長者的基本資料、體能狀況，甚至於特殊訓練，做到全面的照護管理。

人口結構雖有改變趨勢，但也為智慧照護產品帶來龐大的商機，吸引許多資通訊廠商投入智慧照護領域。除了預防長者發生意外的人身安全預警、延緩慢性疾病外，資通訊科技整合還能促進高齡者的健康管理與生活品質。若能結合智慧機器人科技，強化服務的易操作性，將能提供亞健康長者更完善的生活需求服務。

■ 友善機器人的照護服務

例如日本為因應高齡社會需求，政府已將照護機器人開發列入「日本再興策略」中，並納入預算重點補貼的對象，以推動數

位化和研發照護相關機器人。

　　過去人們對機器人的印象是在工廠進行重複性與規律性高的勞動，或輔助人類進行工作。然而隨著人口年齡老化的趨勢，機器人在未來勢必會走進家庭，其中一個關鍵是機器人需要具備人情味，並能夠提供溫暖且專業的照護服務。

　　其中亞健康族群是實現陪伴與照顧最好的驗證場域，服務主要是協助銀髮族和慢性疾病患者的健康和生活。友善機器人可以像管家一樣關心被照顧者的健康，定時提醒服藥、監測血壓及血糖、進行互動式健康狀態評估、提供健康問答，甚至做有趣的衛教測驗。

　　走入家庭的照護機器人可與照護單位連結，透過照護單位預設的基本功能，可讓長者或其子女協助管理日常健康資料。照護單位可透過機器人提供建議給長者，或是系統自動偵測異常資訊，一旦發現異常立即通知其子女或照護單位。

　　照護機器人還可應用於商業模式，允許照護單位設定機器人的場域，例如在家中或是在社區的診所或藥局。可愛的居家照護機器人著重於陪伴功能，其 AI 系統能夠分析使用者生活歷史，提供智慧型的服務，例如定時提醒吃藥、哪天孫女生日，也會依據使用者意圖與喜好，告知活動資訊、天氣預報，甚至讀新聞、推薦餐廳、音樂和電影等。如果被照顧者患有糖尿病，更能夠記錄每天量測的血糖與血壓數據，並主動提供所需的衛教知識。

　　在診所與藥局的櫃台的友善機器人能夠服務長者定期領取處方箋，領藥時可透過與機器人互動取得衛教資料或折價券，為藥局創造新商機。特別是家庭中建立物聯網系統後，長者在家中量

測的生理數據可以立即同步到照護單位的雲端資料庫。遇到緊急情況時可以主動通知照護醫師處置，下一次回診時若發現血糖或血壓數據有異常，能夠立即給予貼心提醒。這樣的智慧健康管理可以滿足長者對有溫度且專業的醫療照護需求，提高照護品質。

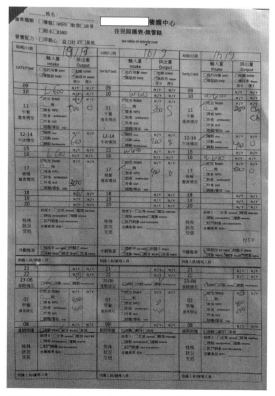

圖12：長照業典型的以手抄表單及記錄之資料

主題2───────────────────────────

透過戰情看板檢視設備運作及現場狀態，以便即時下決策

　　多年來，一直沒有機會搭乘遊輪暢遊海外的機會終於實現了。經過半年的規劃，我在前年安排了一趟海上遊輪之旅，從美國西雅圖沿著太平洋直航阿拉斯加，外加欣賞極光，這趟1600公里海上旅行中的插曲是一段難忘的回憶。

　　在離開港口的時候，在甲板上看到海水的顏色漸漸變化，從淺而深，時而墨綠，時而湛藍。同行的輪船上有一個來自以色列的年輕人，一直在玩一台很炫的無人機，我主動跟他攀談，才知道他是以色列軍工廠的研發僱員。小伙子聽說我是大學教授之後，興致高昂地給我看一台售價1000多歐元的高階空拍機，秀出它的性能和續航力。他用導航的方式展示幾張照片給我看，像是遊輪的空中鳥瞰照、從外海飛過來的近照，以及空拍機飛到港灣上空拍的照片；接著他又打開電腦，展示這台無人機的遠端監控能力，可以清楚地像戰情看板一樣，監看無人機在遠端飛行的所有狀態。接著他在手機上直接設定和鎖定兩個不同的目標，當無人機在飛行的時候，可以針對兩個目標同步記錄、拍攝，以及監控目標的狀態。

　　最後他應甲板上觀眾的要求，操控無人機飛離我們大約1公里外，從空中拍攝一張停泊於外海的貨輪近照。此時我們的肉眼

根本無法看到無人機的影子，但是在照片上可以清楚看見船側貨輪的名字，證明真的飛了1公里。無人機回程的時候，電力大約只剩下17%，我都替它捏了一把冷汗。

像空拍機這樣具有監控與導航功能的高科技設備，目前在國內各種產業中都有應用，例如在石化產業，它被用於定期巡視和檢查大型結構物的外觀，以及定期檢查化學物質輸送管路是否有洩漏或異常特徵；新世代科技廠房中的大型室內設施視覺巡檢、電力公司在颱風後對高壓電塔和線路的巡檢、太陽能綠電產業也使用它來定期巡檢數十公頃的大面積太陽能板，監測是否有上方掉落物，例如鳥類的屍體。

有了這些無人機隊參與，每天都可以看到定時從停機坪起飛或降落的空拍機在執勤。工作人員採用結合智能的後端軟體，透過戰情看板實現預警、監控，甚至呈現詳細的監控或檢測數據。

❖ 數據即時監測 Know-How

■安裝物聯網感測器

在傳統製造業數位轉型的改善方式中，訂定「策略規劃」時，可以聚焦於近年來普及的**物聯網（IoT）**感測器，安裝在所有關鍵製造設備和服務點上已經成為一個明顯的趨勢。這些感測器能夠收集有關設備運作狀態、溫度、濕度、壓力等方面的數據，並將其傳送到集中式的**資料庫或雲端平台**上。

部署雲端數據平台的目的在於集中儲存和處理來自感測器的數據。這不僅方便使用者即時掌握和分析所有數據，同時也有助於監測設備和服務的狀態。再結合即時數據分析工具，可以**追蹤**

數據的變化並自動生成預警。這樣的工具可以設計成自動檢測，異常狀況出現時會自動通知相關人員，以迅速應變。

■**架設可即時監控的視覺化儀表板**

在這個階段，公司決策者應該對於公司在整體產業中的定位有更清楚的了解，接下來需要制定產業轉型的「路徑指引」。可以透過協助產業評估整體數位能量，以即時的方式進行公司內部的**生產管理監控**。架設視覺化儀表板是一個不可忽視的趨勢。**透過即時的數據視覺化儀表板**，中高階主管可以從儀表板上的圖表、圖形和不同顏色指示程度的形式，隨時監控所有設備和服務的狀態，迅速了解情況。

開發的方式可以用App或行動應用程式，讓管理團隊和工作人員能夠用智慧型手機或平板電腦即時連線檢視狀態信息，尤其對於在戶外或遠距工作場所的監控非常有用。另外，要確保設備在傳輸和儲存數據過程中的安全性和隱私保護，以防止未經授權的使用者連線或重要資料洩露。

這些關鍵的資料被企業視為未來世界的新石油。過去，擁有石油資源的人能稱霸世界，而未來，能夠掌握資料的人有可能主導新的世界秩序。透過數位科技和商業思維的整合，員工將能夠充分利用資料中蘊含的金礦，協助企業針對現有的事業體做出更好的決策，包括公司專案的成效分析、行銷觸及率分析、產品線利潤分析、使用者族群分類及零售通路分布，並進一步**將這些概念轉化為視覺化圖表**，以達到更有效率的溝通，更有效地做出決策。

數據即時監測具備的含金量

跟老闆談 AI，千萬不要談花錢的 AI，而是要談賺錢的 AI。過去在業界常向中小企業老闆介紹 AI，我的說帖很有說服力，因為我跟老闆們談的是賺錢的 AI。

一般中小企業遇到**生產管理需要數位轉型**時，總是不知道該從哪裡著手。有的專家建議從進料的**數位化電子表單開始**，這需要導入電子秤，並且對原料**倉儲進行精準管控**，以提高生產效率。在投料操作時，可透過手機或平板以藍牙連接電子秤和標籤機，掃描原料條碼，透過簡化的操作介面減少失誤率。

老闆聽了算盤一打，就知道要花費一筆不小的投資，就會說：謝謝再聯絡。

我的做法剛好相反，我會建議老闆從提高整體設備效率做起。對於中小企業來說，有效的生產是確保獲利的關鍵，只要設備正常運轉，就等於在賺錢，設備故障需要維修或是停機，就等於在燒錢。以下提供一個典型製造業在製程管理數位轉型的實際例子做為參考。這個例子老闆喜歡，員工也喜歡，而且不需要增加人手（不增加人手的具體做法在主題 3 會有進一步詳述）：

在進行不停機生產時**設備故障是常見的異常**狀況。為了確保保養維護和可靠度以控制成本，業界通常要求員工發現故障時立即通報，然後由維修部門迅速接手處理，在最短的時間內恢復正常運作，因為停機意味著損失。然而，實際執行中常常事與願違。

我們的做法如下：

我們設計了一個**生產設備異常記錄與監測系統**的手機應用程式。當第一線現場人員發現故障時，他們可以在第一時間使用手

機App通報，例如在L廠12號的萃取槽發現了攪拌異常，員工可以敘述異常狀況，並附上輔助照片。發現故障即時通報會得到獎勵，因此員工對這個系統感到滿意。

接下來，系統會自動通知組長，組長可快速在手機上點選同意，將通報轉交給維修部門。維修部同仁立即著手前往現場進行維修及檢測，並盡快排除故障，讓生產設備正常運作。

在這個系統的管理下，每位相關員工都受到同步管理，都能夠透過公務手機知道「L廠8號機軸封洩露已經4.5個小時」、「N廠27號機械流量表故障已經15個小時」等異常狀態。最重要的是，老闆可以隨時透過手機上的戰情看板，查看全公司所有設備的狀態和維修預期完成的時間。這使得相關人員能夠以最迅速的方式解決設備異常問題，同時維持生產績效。

這就是替公司賺錢的AI。

這裡就舉我們每天生活中的食、衣、住、行當中最有關係的「吃」製造業的真實案例。讀者對於煮白飯使用的電鍋應該相當熟悉，但是對於超市買來的乾麵或是琳瑯滿目的熟麵，往往對其製程只有一知半解。對於講究麵食的饕客來說，這些製麵機可是大有學問。

「星巴克式」的製麵機

「麵」的製造設備常常受到客戶不滿的主要原因是麵的品質問題。實際上，問題的核心在於不同種類的「麵體」需要不同的製

程。由於操作人員對機器不熟悉或對製程參數掌握不足，導致麵體在乾燥過程中經常出現品質不一致的狀況。這樣的情況若是頻繁發生，可能導致大量的食材浪費，造成難以估量的損害。

　　國內一家優秀的食品設備製造業者一直在思考，是否可能將「製麵機」打造成像星巴克的「咖啡機」一樣，能夠生產品質均一且可以客製化選擇款式的「麵」。這家製造業者在製麵過程中，為了全面掌握麵體水分含量的差異與品質，時常透過有經驗的老師傅以手直接接觸方式進行檢測。然而，這對於注重食品安全的製造商來說，確實是一個潛在的衛生隱憂。加上近年來食品設備製造業在設備開發上一直著重考量食品安全問題，若能夠透過數位科技，將製麵機做成像星巴克的咖啡機一樣，確實可以成為一個很好的數位轉型契機。

❖ 升級設備，在可視化平台上控管製程

　　傳統的食品機械製造廠商著重在設備售後服務上，主要關注食材加工過程中製造環境的安全性。但是現今更加重視的是提升食材製程的衛生水準，因此食品機械業已經積極展開自動化與數位化的轉型之路。典型做法包括升級食品機械設備以及聯網功能，以提高監控製程的能力。透過收集繁瑣生產流程的不同參數，在可視化平台上監控這些數據。

　　過去食品工廠在原料驗收、線上品質分析以及終端產品品質分析的數據通常需要人工抄寫，消耗大量人力與作業時間。在整體數位化流程中，首先要導入的是全自動化的溫濕度監控。這不僅能夠自動調節為最佳乾燥模式，還能大大降低因人員對麵體掌

握度不佳而導致的操作失誤。

此外，為了能全面掌握不同麵體在相對環境參數下的變化，有必要引入非接觸式麵體狀態掃描裝置。這不僅能實現麵體生產狀態數值的連續記錄，還能降低因人為介入檢測而引起的中斷耗損和衛生疑慮。

此外，生產過程中透過AI演算法預測關鍵參數的異常狀態，並即時發送告警，將來有望實現完整的智慧化遠端監控生產（如圖13）。

用 AI 執行養殖動態管理

再說一個成功案例，展示了遠端監控所能帶來的驚人效益。

屏東地區一位號稱養白蝦「霸王級」的老闆，在我輔導他的養蝦場進行數位轉型的3個月之後，與我分享了他的祕密武器。這位老闆透露，他現在能夠即時掌握如流水般的數字，都是透過一個手機版的戰情資訊看板，例如養殖業最重要的魚塭內的水產養殖日曆，而他的養蝦場正是利用AI做蝦的養殖動態管理。

這套系統使用AI模型中的時間序列模型，透過在蝦池內部使用物聯網（IoT）感測器蒐集數據，包括餵食記錄、鹽度、投放益生菌、水源氯氮檢測等實際的養殖行為，根據不同時間點預測可能影響水質的關鍵因素。此外，系統還結合了過去養殖戶的電腦化天氣資訊經驗值，以更精準地進行養殖池內的各項工作。有了這樣的養殖池戰情資訊，再加上一些令人驚嘆的功能，這位老闆笑著表示，這個數位轉型的AI祕密武器讓魚塭內養出來的白蝦，

在平均體重、體長、溶氧值等關鍵養殖數據上都比以前更為出色！

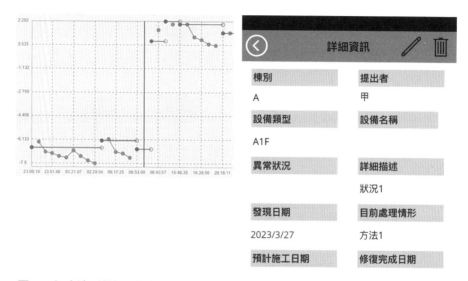

圖13：初步達到數位化後有完整的資料可以呈現在資訊看板及App上

管控湯圓原料，同時兼顧市場需求達成口味多元化

多年前，我有機會和一位南部湯圓大王級老闆聊天，我們談食品業的製程和如何將食品安全納入管理。我們深入談到湯圓的製作過程，我才意識到食品業單一產品所涉及的原物料種類實在眾多。主管機關要求標示原料與成分，再加上營養標示需詳盡的要求，這需要耗費大量的人力。若發生原物料缺漏，而訂單已經接了，該如何制定生產預備計畫？

因此，轉型的第一步應該是建立完備的生產工廠物料管理數位系統，確保產品物料的管控數據齊全。當廠商具備應用適當數位工具、整合現有資料的能力時，就可以優化生產端的產品。例如在加速生產多種不同風味的特色湯圓時，使用數位工具就成為突破瓶頸的第一步。接下來，廠商才有機會邁向提升內在體質和營運效能的階段。

❖ 原料倉儲管理數位化

對於食品製造業的轉型需求，一般擬定的第一步轉型方案就是利用數據提升生產效能，改變服務模式。同時，為因應製造人力老化及培育技術經驗耗時的迫切需求，採用數位式感官感測系統來記憶職人知識也是可行的手法。此外，可以將生產製程中各流程的經驗和技術轉換為數據，透過數據分析協助判斷產品品質是否達標，是否需要調整排程或製程，以及是否滿足科學化感官品評等，實現穩定製程。

在實現生產關鍵製程的可視化管理方面，湯圓的製作過程已

經顯示出端倪。做湯圓不僅要使用很多種原料，連製作工序都很繁複，包括傳統的浸米、磨漿、壓粿、蒸粿膜、揉粿粹、搓湯圓等步驟。導入數位化之物料管理後，可以對產品的進料和領料進行精準管理，

　　數位條碼的讀碼設備記錄時間戳記，並將這些數據輸入生產履歷系統中，可避免人為輸入的疏失，全程有效管制生產過程中原物料生產批號、有效日期、加工時間、物料生產序號等。

　　還可以進一步整合公司的 ERP、訂單和庫存數據，並且結合生產現場的設備連線和數位化及時報告，包括成品和半成品管理、QC 品管、履歷追蹤、食安警示指標、製程可視化管理等方面，進行全方位的數位管理轉型。不僅能提供老闆即時數據，更能引導員工提高生產力。

❖ 生產管理監控帶來的效益

　　對於製造業來說，監控機台運作是實現遠端管理的重要步驟。以往常仰賴老師傅的經驗觀察機台運作，但是做法太過依靠直覺，經驗不足的現場作業人員無法即時判斷設備問題，無法迅速排除異常造成生產卡關。

　　透過聯網設備，生產管理者可以隨時隨地從遠端觀察機台目前正在運作、閒置、故障、關機等，狀態一目瞭然，一旦發現異常能及時通報，把握時間排除問題。此外，聯網設備具有即時收集和分析功能，能夠記錄不良品的時間點和數量，計算不良率並分析原因，有助於降低不良品產生因素，從而提高產品品質（圖14）。

傳統烘焙業的轉型挑戰

食品業數位轉型很普遍的困境就是過度依賴老師傅或是職人經驗，而且傳統手工製作完全仰賴人工，重工比例高；大家熟悉的烘焙業便是一例。

傳統烘焙業的自動化程度低，製程仰賴職人經驗管控。例如部分烘焙產品在加工過程中使用傳統烤爐，且需要二段烘烤及翻面，完全仰賴目視控制烘烤程度，因此造成品質不均。然而使用機械式滾筒烘烤後冷卻效率不佳，會導致層層堆積變形且散熱效果差；分級與包裝未能順利銜接，甚至採用人工秤料，產品包裝的尺寸和長短不一，破損率偏高且偏差大，幾乎無法大量包裝。這樣的問題在高齡老師傅體力不繼，而年輕人不願投入的情況下變得更加嚴峻。

烘焙業數位轉型還有一大困境，即新產品開發往往仰賴一、二位職人。例如當老闆觀察到最近客戶喜歡葡式蛋塔時，接著就推出一款松露芒果口味蛋塔，主要依賴職人的工藝技巧，相關配方數據仍以經驗為主，新產品開發缺乏科學依據，導致上市成功率偏低或成本可能過高而失敗。若能應用適當的數位工具並整合經驗值資料，以嘗試錯誤法優化新產品的試行生產，就有機會實現數位優化的理想。

例如想要開發多元風味與特色的葡式蛋塔，可以根據烘烤瓶頸，分階段進行生產轉型。生產轉型的方式可分為兩部分：首先是關鍵製程經驗的數據化，其次是設定經驗指標。尚未導入數位化的職人經驗數據，透過各種環境感測器等數位設備轉化為數

據。接著，由數據分析工具和職人的協助調校感測器數據，將技術與知識轉為系統化的資料，進一步回饋生產管控，以提升新產品（如松露芒果口味蛋塔）的穩定性。簡單地說，這意味著將過去的「經驗導向」，轉變為可永續發展的「數據導向」。

對於資金雄厚的烘焙業者而言，一旦募集到足夠的資金，就有機會引進國外的全自動化數位技術。這樣一來，生產流程從原料進貨倉儲、麵糰混拌、發酵、成型、烘焙、冷卻一直到自動裝袋等各個環節均可導入自動化系統。不但使得生產流程更透明，同時可透過物聯網與生產資料數據的整合，實現產銷協作的一體化，進而提升了生產效率。

釀酒老師傅的經驗變成 SOP

另一個典型例子是食品釀造業，涵蓋了啤酒、葡萄酒、水果酒、酒精等的製程。從眾多青農返鄉建立的小型釀造工作坊，到大規模機械化和半機械化的生產，製程從發酵酒到高酒精含量蒸餾酒，產量從小農文創式到走向國際門的大型品牌。隨著產品式樣與品種愈來愈多，市場需求擴大，即使蓬勃發展，仍然面臨著老師傅經驗傳承的挑戰。

釀酒業屬於人力密集型行業，特別在手工精釀啤酒領域，依舊以傳統手工操作為主，極度仰賴老師傅的經驗與技術，無奈傳承培育新手職人相當耗時。一種解決方案是極小化老師傅的知識介入，將大部分製程步驟數位化成為標準操作程序（SOP）。

透過數位感測系統記錄老師傅的知識，將製程中各個步驟的

經驗和特殊技術轉換為數據。例如導入感測系統以監測關鍵參數，取代傳統的檢測方式，達到秒級變化的即時監測；在發酵調控方面，這樣的數據記錄可以預測產品品質，並建立起自家的發酵數據庫。透過對數據的連結分析，有助於建立或判別品質標準，進而調控製程和產品風味。

以釀造缸中的發酵90天過程為例，透過取樣分析各實驗參數，如蛋白質含量、胺基酸組成、抗氧化物定性定量成分、重要香氣成分、pH值等數據的連續記錄，可以建立公司自有的完整發酵數據庫。

在歐美國家，紅、白葡萄酒的製作更是一門深奧學問。人類有數千年的釀酒歷史，然而真正的變革直到近幾十年電腦問世才開始浮現。值得一提的是，在數位轉型的浪潮中，一些先進酒廠運用資訊技術、感測器技術和網路結合，不僅減少了農藥使用對環境友善，還與農民合作進行數位轉型。

這種合作的亮點在於數位資料累積的過程中，在特定地點設置感測器。例如每10分鐘測量一次溫度、濕度、日照和降雨量，農民則輸入葡萄的各生長階段和蟲害控制記錄。研究人員結合了製酒老師傅的經驗，收集成熟葡萄的數據，分析其主要成分與含糖量，並透過演算法推論，找出生長預測與最佳收穫時間。

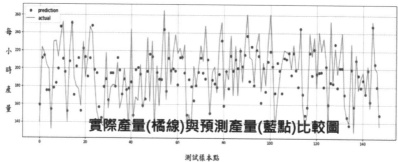

實際產量(橘線)與預測產量(藍點)比較圖

測試樣本點

圖14：平板與手機顯示資訊看版上即時之監控

豆漿製作的最佳祕方

對於許多國人而言，最常喝的早餐飲料之一是豆漿，然而很少有消費者會關心從超市買來的瓶裝豆漿背後的製程和生產設備。也許你會關心是否使用非基改黃豆、是否添加了消泡劑、是否加了防腐劑來生產豆漿。

製造豆漿的製程包括浸泡黃豆、研磨、蒸煮、過濾等多個步驟，如果其中一個步驟的時間控管不當，或是原物料黃豆的處理方式不當，就可能引發連續性的品質問題，甚至可能涉及清潔不徹底而引起潛在的食品安全疑慮。

為因應這個挑戰，豆漿業者已悄悄啟動了自動化與數位化轉型的升級之路。他們的轉型不僅著重於提升食材製程的衛生和安全，還加深實現自動化，以確保不需中斷的完整製程。

在豆漿的製程中，部分流程仍然需要擁有多年經驗的老師傅用手工調整，以確保豆漿食品達到完美的品質。為了延續老師傅的手藝，在數位轉型過程中食品機械製造業者透過與資通訊科技的跨業合作，將智慧化的監測與數據記錄整合到既有的裝置設備中，有效記錄老師傅在製程上的經驗參數。同時，這也使他們能夠即時因應製程中外部環境的變異，或是機台運作的變異，進行排除狀況，確保食品生產的品質優良與穩定（圖15）。

做一個簡單的比喻，就像是傳統按摩師父的手技與電動按摩椅的差異。過去豆漿製品的標準製程建立在老師傅的多年經驗上，因此需將製程數位化，以設定環境配置和相應程序。例如，浸泡黃豆的製程中，數據參數的來源包含流量計、溫控器、熱水

閥門的啟動和關閉、水位計、電壓和時間等。收集了老師傅的多年經驗後，再結合設備參數進行記錄與即時監控，讓主要數據參數（如溫度與濕度）維持在精確狀態。數位轉型後，透過迴歸演算法驗證經驗數據化的呈現，通過數據收集逐漸將老師傅的經驗轉換成合理的數據，以降低人為或設備運作因素對製程的影響，例如黃豆含水量不足或口感品質不一致的問題。

同時由於黃豆可能來自於不同國家，其品質差異可能會影響豆漿的口感，這也應納入導入設備的參考學習中。這樣的 AI 化製程導入在整體生產流程中的一個關鍵因素是浸豆槽的溫濕度監控。為了能掌握不同浸豆過程在相對環境參數下的變化，同時連結到周邊控制設備的運作管理，製程將會更穩定可靠，並確保產品品質的一致性。

透過數據收集進行最佳化泡黃豆時間的趨勢分析，並帶入數學迴歸曲線進行非線性預測演算，以取得最佳泡豆製程參數。同時預測出最佳化泡黃豆時間趨勢的經驗曲線，達成以 AI 技術還原老師傅大腦中經驗值，以完美控制生產製造的程序。這不僅能監測並判讀影響豆漿製作關鍵因子之偏移值資訊，還可以透過即時通知工具（如 Line）通知相關主管製程發生的異常資訊，使得生產更接近零缺陷。

鞋墊王國的二代接班故事

這裡來說一個精采的二代接班故事，故事發生在傳產製造業中專門生產鞋墊的一家公司。這家位於台灣中部，具有數十年的

歷史，不僅生產優質鞋墊，也是國外知名品牌 Nike 以及 Adidas 採用的高階發泡透氣鞋墊的主要供應商，每年生產超過 500 萬雙鞋墊。當公司在營運規模上取得了里程碑之後，掌門人有意培養下一代接班人，也就是他們的寶貝女兒。

　　二代接班人以其卓越的能力成功接手企業，並致力於全面的數位轉型，澈底對管理、生產以及業務部門之各項工作進行變革。

　　在「策略規劃」的初期，她先透過教育訓練和溝通，與掌門人共同說服員工數位轉型是必然趨勢。接著她制定出具體策略，以優惠的條件鼓勵客戶、上下游物料供應商及內部員工積極參與數位轉型，也澈底變革了公司的治理方式。

　　初期在形塑產業轉型的「路徑指引」時，公司的目標定在將生產設備的指標型數據、機台閒置預警、設備稼動率、品質數據等進行分析，呈現在關鍵產線資訊戰情看板和手機應用程式上，以解決公司內部資訊不透明、難以掌控生產線上產能狀態的問題（圖16）。同時，這些數據能與主要客戶及供應商保持良好 CRM 關係，並預測產量和良率等分析結果。在產品不良原因分析方面，還能進一步分析特定問題，例如鞋墊加工瑕疵是因為加工不良，還是沖孔不良造成的結果，並能追溯到是生產線上哪一型機台引起的。

　　半年下來，這些目標不僅達成了，還成功建立了一個可獲利的新商業模式。公司不僅實現了現有產品的多元銷售方案（不僅做到B2B，還做到B2C），還增加了營收。同時完成了供應商詢價與內部預警庫存管理，減少了泡棉原料的待料成本。這個轉型還實現了過去一直無法做到的主要客戶雙向溝通，例如球鞋鞋墊

的打樣設計，以降低初步設計與打樣的差異。公司也可透過線上
專案進度查詢管控訂單並追蹤配送物流。更令人振奮的是，建立
的AI版CRM系統優化了主要客戶在交貨後的諮詢工作，提升了
客戶滿意度，使下訂與交貨成為美好的體驗。這個「顧客體驗」
不僅提升了產品與服務，還讓使用者感受到與公司使命的連結，
形成所謂「買故事」的情結。

　　這個故事最令我印象深刻的是第二代接班人的睿智。在數位
轉型的過程中，她同時協助公司申請成為環保續優廠商，並取得
碳足跡盤查驗證，實踐與國際同步 ESG 永續發展的目標。

製造業之策略規劃

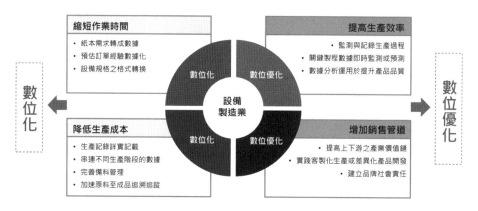

圖15：設備製造業之策略規劃

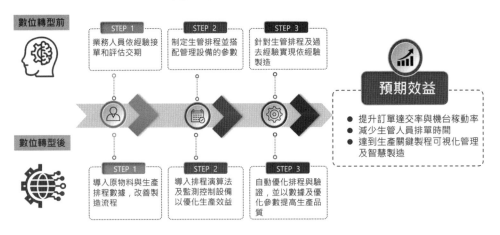

圖16：傳產製造業之數位轉型路徑

主題 3 ──────────────────
缺乏資訊技術人才如何數位轉型？

　　中小企業普遍缺乏資訊科技能力的人才，如何有效運用有限人力進行轉型是一個很大的挑戰。我們可以借鑒歷史上以寡擊眾的例子，例如空城計，來實現少數人當多數人用的效果。

　　空城計是一種心理戰術，其核心是以虛敵實，故意顯示出不加防守的樣子，使敵人難以揣摩實際情況，誤判實力，從而以少數人致勝。應用在數位轉型就是一人當百人用，也就是人加上 AI 的人機協作。

❖ 人機協作的 Know-How

　　傳產業始終需要面對一個困境：當缺乏廉價且充沛的勞動力時，如何依然能生產出品質優良的產品？更現實的問題是，中小企業普遍缺乏資訊科技人才，然而我並不認為這會構成延遲數位轉型的理由。

　　台灣邁入高齡化的社會已是不爭的事實。產業需要的青壯人口已明顯不足，短期內確實沒有解方。以務實的觀點來看，唯有讓產業科技化，減少需要操作的中低階人力，改善工作環境，提供中高齡人口相關的職業培訓，有望補足產業的勞動力需求。

　　企業應在訂定「策略規劃」時盤點和規劃可使用的人力，並配合以下方針，以有限勞動力達成數位轉型：

1. 工作流程自動化：經過先期的策略規劃後，決策者將更清楚公司可掌握的有效人力，自動化工作流程的優勢在於利用數位工具重新設計自動化流程，以替代傳統人工。

2. 機器人流程自動化（RPA）：轉型路徑指引定調之後，需充分評估產業內外的數位資源，考慮引入科技和機器學習軟體技術，以替代重複、冗長及容易錯誤的工作，進而減少對人力的需求。

3. 人機協作：具即戰力、願意改變思考方向的人才，搭配重新設計的電腦軟體，實現人機協作，使一個人能夠發揮相當於三個人的整體數位能力。

4. 產業數位化和AI化：轉型的重點在於利用數位科技、自動化和AI學習，透過引入自動化工具和機器學習技術，將人力需求降至最低。

5. 專業經驗易於複製：過去專業人員習慣以口述傳承經驗，例如以口語或文字形式的「店長交接關鍵手冊」，實戰經驗難以複製。企業內部數位體質轉型後，交接指引將包含明確的事件指標、營運指標或預估指標，反映即時生產力或業績的科學基礎，實現專業經驗的數位複製。

❖ 人機協作的效益

在國外已有成功利用線上機器人輔助執行招聘的案例，以AI系統進行面試，偵測細微表情，初步判斷個性及特質，排除不適合的面試者，不僅節省了人力資源部門的編制人力，也提高了招聘效率，讓招聘人員使用數位工具協助，在不降低工作品質的情

況下，成功招聘到足夠的新員工。

　　人力資源部門可在數位轉型中扮演重要角色，透過數位工具協助各部門主管簡化年度考評作業。數位化的考評作業包括在平時專案指派、期中檢視和期末結案，根據每季各單位的 KPI 進行評估，並將考評成績和文字描述完整記錄在員工檔案中。這樣的數位化流程節省了大量的人力，並在每季檢討中提供對每一位員工的評估。

　　此外，**人資 AI 系統**能結合外部資訊，例如人力市場的競爭狀況、員工專長的評估，系統透過內部管道通知直屬主管，識別優質員工並建議加薪和配股以提高員工向心力。除此之外，AI 系統也能辨識出潛在的負債資產，提醒高層做出相應安排以有效管理人才。

　　另外在業務部門，數位轉型帶來工作流程自動化的好處。過去市場訂單處理與派工需要耗費大量人力，現在透過工作流程自動化的軟體工具，市場行銷部門的同仁可以更有效率地處理這些業務。這種**人機協作**或**人機一體（人機合體）**工作方式，可以讓業務同仁成功完成更龐大的工作量。不僅能節省人力資源，還能提升工作效率。

❖ 人機協作的終極目標：省人省錢

　　前文主題 2 中提到，使用數位化設備管理系統進行製造業廠房的全部生產設備異常維修管理，可以透過手機上的戰情看板隨時監控，也就是利用低代碼／無代碼（Low code/No code）軟體技術，不需要龐大的 MES 系統，或是複雜的資料庫或雲端平台。

其實只要透過像是Office365 Power Platform的工具，無需額外聘請資訊專家撰寫App程式，就可以對外宣稱「我們已經擁有AI平台」。

接下來的挑戰是，如何對內部員工進行觀念和**數位技能發展的培訓**。企業主應該意識到，投資於培訓和技能發展計畫以提高現有員工的數位技能是最划算的。這包括提供線上課程、工作坊和培訓課程，幫助員工獲得所需的數位技能。以下列舉三個夕陽產業的案例，看他們如何透過數位轉型成功吸引更多年輕人才投入。

種蕃茄型男青農娶水某

聯合國預估在2050年，全球人口將接近100億，需要增加70%的食物生產以應付需求。面對日益貧瘠的土壤，傳統農業已難以應對，必須引入「新工具」，而這個工具正是**「數位科技」**。經過數十年的革新，農業應用機械化大量與快速耕作、化學施肥、基因改造作物或其他新式育種技術提高生產效率。未來更需要聰明的「科技農夫」，以數位科技創造更高的農業價值。

❖ 科技農夫接班

科技農夫已經不再罕見。一群過去可能從事高科技行業或是行銷保險工作的年輕人，如今返鄉接班（田），投入了農業的行列。有些人是因為職場壓力因素，有的人想實現年少時騎在牛背上的夢想。

　　這一群「智農」不再是戴著斗笠彎腰拔草，而是手持智慧型手機當遙控器，指揮無人機進行肥料噴灑，透過App監控農作物生長，或戴上AR頭盔比對水果園的病蟲，快速應對潛在的病蟲害災難（圖17）。

　　這些酷炫的行頭不是年輕人在展示，而是因為台灣農業正面臨老化和少子化問題，多年辛苦的老農沒有接班人，加上全球氣候變遷所帶來的生產危機，**農業數位轉型**為未來新世代農夫勾勒了一個新的「從農環境」。

　　農業數位轉型的發展過程中，勢必會以現行農業生產模式為基礎，採用省工省力的機械設備、輔具和感測元件。同時結合跨領域的**資通訊軟硬體AI技術**，例如物聯網、大數據分析和區塊鏈等，一方面減輕農場人力負擔，降低單位面積所需勞動力，一方面提高農場經營效率，同時滿足市場需求，生產符合消費者需求且**安全可追溯的農產品**。

　　農業的數位轉型在本質上是利用資訊、網路和數位技術，建構一個跨越時空的架構，將傳統辛苦、親力親為、經驗值高的產業，轉變成專業度較低、經驗易於複製、流程透明的中度科技產業。這將使得農業工作環境更加友善，也提高了對年輕世代的吸引力。

❖ 農業數位轉型的智農第一、二箭

　　在農業數位轉型上可射出之第一箭，就是**使用機械設備或感測元件**輔助農業工作。農業機具可以大幅降低人力成本，例如在日本已經有成功利用機器人採收草莓、番茄和蘋果的例子。在未

來，鳳梨、西瓜等作物也可藉由智慧農業機具協助種植及採收。

巡田機器人則使用無人機詳細記錄株數、莖寬，以推斷植物養分是否充足，它能透過雷射探測與測距感應器，提供不同型態的資料，並進一步分析作物的生長狀態。無人機也能應用在農藥和肥料的噴灑上，透過GPS技術精準執行噴藥計畫，同時記錄採收路徑，協助農民規劃後續工作。

第二箭聚焦在**建立有效的AI害蟲監測系統**。蟲誘捕盒內置攝影機，可以即時回傳影像數據，用於分析害蟲的數量和密度。這個系統還能夠透過平板電腦觀察每日害蟲數量和分布趨勢。更進階的是用完整影像記錄，配合田間環境感測資訊，預測害蟲族群的遷徙模式，並計算農藥和肥料的噴灑範圍。

過去國內曾針對危害本土果園作物的害蟲，如東方果實蠅與斜紋夜蛾，建立了植物疫情監測網。這項監測系統結合了定位技術，有助於監測農作物害蟲並進行預警，以更有效地控制害蟲疫情。

❖ 志明與春嬌的幸福結局

我曾因緣際會認識一位過去在保險業服務，個性相當害羞的型男青農志明。他在台中長期工作不順利，後來轉業回台南新營老家農作。剛開始種的農作物遭遇天災、颱風以及蟲害的肆虐，幾乎是有種無回。幾經摸索，專門種植有機無蟲害的鹽地蕃茄。他堅持不使用化學農藥，注重環保和友善環境的價值，使他的農作物成功獲得鄉親及大型青果公司的肯定。他專注投入害蟲防治的形象，最終娶得同鄉美女春嬌而歸。

從這個故事可以看到，農業數位轉型可以為典型的夕陽產業

注入新活力，把科技引入農業，減少人力成本，提高生產效率。自動化並不表示將全部事情交給機器去做，而是讓機器去完成需要耗時耗力的工作，例如除草和噴藥，農夫可專注於其他如驗收、問題處理等需要人力的工作。這樣一來，原本需要花費3小時的作業，可以在20分鐘內完成。人機協作可以如此順暢完成。

圖17：科技農夫在遠端操作無人機進行噴灑農藥

外行農夫搭上轉型列車

　　歐美先進國家因人力成本高，早已積極進行農業數位轉型，建立完備的基礎建設，以因應未來的糧食需求。台灣的農業也面臨這股趨勢，迫切需要數位轉型提升競爭力。

　　傳統農業常受到天候影響，農作物收成只能聽天由命，但現在已經有許多數位科技，可以用於提高生產量、降低種植風險與優化管理，還可以協助整體農業經濟的決策，使其更具靈活性。

　　在農產品流通方面，過去的產銷通路一直不透明，所幸後來有像是全聯的契作計畫，將產地農場、管理中心和總部串聯在一起，實現了生產計畫、採收、包裝、配送、安全等方面的全面管理。由總部負責提出栽種品項、數量、行銷計畫等需求，並對各契作農場進行品質把關。這樣的系統讓農產品從田間到餐桌上的每一個步驟都受到科技的支持，如果說未來有一天農業會變成高科技業，也不會令人吃驚。

❖ 農業數位轉型的智農第三箭

　　農業數位轉型的第三箭射向了**科技記錄與優化可傳承的經驗值**。

　　過去傳統農業使用稻草人嚇走鳥類，並且倚靠農民曆的節氣施作，現在這些逐漸被環境感測器所取代。這些「數位分身」感測裝置不僅提供即時資料，還可蒐集環境中土壤檢測（濕度）、溫度感測，包括雨量、陽光、風向、風速等環境資訊，透過電腦系統分析，農民只需透過手機或平板電腦，就能適時了解農作物

生長與土壤養分含量，並規劃灌溉時間和採摘時間。

　　以科技方式將種植決策資訊化，農民能根據農作物生長情況和環境條件調整農務設備，長時間能累積環控設備的經驗值，再經過性能優化，就能提供最佳栽培模式與更準確的操作方式。這些經驗值可用來提升生產品質與產量，並有機會突破環境限制和氣候異常帶來的風險。儘管收集農業數據是一個動輒以年的累積過程，但是這種特殊的經驗值模型有助於長週期推論。

　　我認識一位年輕人，大學畢業後北漂，在台北的藥廠做市場行銷工作多年，雖然家裡有數以甲計的良田，但是他長年未回鄉。轉折發生在他的健康亮起了紅燈，因此南下接下父親的田地。在這片田裡，他竟然找到自己的天空。

　　他根據農作物生長環境，意識到需要客製化的 AI 模型和在地數據。經過一段時間的努力後，他成功複製了老爸的經驗值，設計了感測器當作數位化的第一步。在父親在旁指導下，他迅速建立了精確的 AI 模型，用於收成預測分析。這又是一個成功的案例，展現不需要高深的專業經驗也可以數位轉型。

❖ 智農第四箭：生產溯源

　　那麼最後一支也就是第四支箭，瞄準了與全體國民息息相關的**農產物「生產溯源」**。建立生產溯源的目標是透過農產品包裝上的 QR 碼，讓消費者能夠查閱完整的產品履歷資訊，包括種植過程和運送過程是否符合衛生和冷藏標準，確保食品安全資訊公開透明。

　　隨著食品安全問題受到消費者重視，透過認證標章和農產生

產溯源成為把關食品安全的可能途徑。自動化條碼讀取器和物聯
網工具的導入，使得年輕的智農或高齡的農友能夠更方便地自動
登錄履歷，甚至可以選擇使用區塊鏈認證，讓種植過程透明化，
而且數據不可竄改。

　　完備的產銷履歷制度也讓消費者查詢得到農民的生產記錄，
並能確認資料是否符合規範。農民則可以了解自己的農產品銷往
何處，甚至可串聯至銷售價格和數量，計算是否合乎種植成本，
下一季可迅速根據市場需求選擇作物，讓農民種得放心，消費者
買得安心。

夕陽無限好的紡織業

　　紡織成衣業是典型的傳統民生產業，也是庶民生活的食衣住
行育樂中之第二重要產業。我國2022年全年營業額為5045億元，
屬於中大型產業的規模。近年來由於市場結構改變、技術進步、
勞動成本增加，使得成衣製造業者外移至工資便宜的開發中國
家，導致國內紡織產業萎縮，被視為「夕陽工業」。儘管如此，
但國內仍有約3000家成衣及服飾品製造商。

　　然而科技和數位轉型為成衣業帶來了機會。自動化生產設備
提高了生產效率，減少人為錯誤和資源浪費，數位技術的發展提
供了更多的創新和設計空間，如虛擬現實和擴增實境技術的衣著
購物體驗，讓消費者在虛擬環境中試穿衣物，獲得真實且互動性
十足的購物體驗。

　　數位科技也增加成衣製造彈性和個性化的設計，製造商可根

據消費者需求客製化衣物，降低庫存和過度生產的風險。穿戴式技術融入衣物，可提供健康監測、運動追蹤、多元支付等功能，同時保持舒適和時尚。

❖ 民生產業模範生的轉型契機

台灣紡織業經過多年努力擺脫代工模式，由低成本織品製造商進展為高單價機能性紡織品的領導者，國產的機能紡織品遍及全球，滿街可見到國產的運動服飾。近年來高科技合成服飾崛起和快時尚興起，導致紡織產業趨向短鏈、少量多樣。為了維持競爭優勢，台灣需要利用數位科技提升成本效率，以滿足市場需求變化和交期縮短的挑戰。

然而服飾需求的預測面臨了相當的困境，以一家中大型紡織業者為例，每週預估單品數量皆超過數萬筆，但仍然靠人工半自動提取需求資訊。由於預估單品項相當繁雜，難以快速處理每週的大量預估單，需要業務單位協助轉達生產與原物料採購需求，以確保未來一個月每個品項的生產數量和原物料需求。

此外，由於查驗和比對困難，以致無法快速有效處理不同預估單的差異。實務上通常需要 2 天的人工處理時間，假設是 7 天交期的訂單，扣除生產和運送時間，業務只有 3 天與客戶溝通和確認差異。

少量多樣化生產趨勢導致品牌差異化的品項增加，備料時間過長可能導致生產線缺料。因此，在設備調整與原物料準備方面，往往需要更長的前置安排時間，企業無法從單次的預估單來確認未來的需求，目前多倚賴過去的經驗法則。這可能導致備料

不及、庫存過高等產能調度上的互相關聯管理問題。

　　在工廠生產上，機台排程面臨客戶訂單變更、取消或急插單等應變情況，經常導致生管與產銷協調上的問題，尤其在針織機台的生產排程上。

　　雖然大部分業者早已導入企業資源規劃 ERP 系統，將繁瑣和重複性高的工作系統化。但是在生產自動化方面，導入 ERP 系統仍然面臨挑戰，尤其出現在訂單的即時性和正確性上。成衣廠業務單位的訂單輸入複雜容易出錯，當訂單資料未及時且正確輸入時，後續可能需要花費數倍人力來修正問題。這個觀念來自於汽車製造業的豐田模式：「第一次就把事情做對」（do things right the first time）。

❖ AI 助攻實現紡織排程自動化，並節省大量人力

　　對於紡織與成衣產業而言，生產管理單位與採購單位都仰賴業務單位提供訂單預估數，用以規劃生產數量和備料。因此，業務單位轉型的首要步驟是清理和數位化所有需求預估的相關資料，例如產品代號、委外廠商、交期、最後回廠日與回廠數量等資料，並進行資料格式之轉換。隨後可以運用 AI 技術來優化內部流程，例如使用決策樹做初步分析，以預測品牌下單的訂單，或基於物料出貨資料來預測庫存需求。其他方面像是生產預估天數和延誤天數等，也可進行預測。

　　另一種提升生產效能的方式是準確預估原料數量，這不僅可以提前備料，還可能降低原料庫存成本。因此有必要規畫一套 AI 庫存預測模型來預測原料需求量。這種模型可以將客戶預估單的

資料進行特徵分析，將特徵擷取後加入資料庫，然後透過這些資料進行建模，以得到訂單預測的AI模型。

當應用AI技術優化紡織或針織場域製程的排程時，首先需要開發智慧選機排程的決策模組，以系統化及科學化方法取代經驗與老師傅直覺。這樣的模組可以在動態模擬當下生產現況改變後，即時提供排程建議；隨著排產決策加快，可以調整最佳的配置，提高產線效率，最終增加產值。

此決策模組以生產線上現場和歷史數據資料為基礎，透過分析數據萃取決策所需的關鍵資訊，計算最佳的排機建議表，例如根據預測機台改機所需天數，提前選擇使用哪個機台生產，從而降低改機時間，實現機台分派配置決策自動化和優化（圖18）。

❖ 數位轉型後的紡織業成為最潮產業

IT資訊廠商在協助紡織或成衣業者的訂單與生管流程的數位轉型方面扮演了關鍵角色，將原本由人工進行的訂單確認、需求預估、上機排程等流程數位化，透過AI演算，提供各項生產與營運數據，協助工廠提升經營績效管理方案，確保業者獲得最大效益。

此外，一些成衣業則採用機器人流程自動化（RPA）技術來建立複雜的訂單流程自動化管理。這種技術可以自動處理訂單資料，並將其轉換成特定資料格式（如Excel檔案），再轉入現有的企業營運系統，如進銷存系統或ERP，或儲存到訂單資料庫，以降低人工作業錯誤率，並加速訂單處理效率。

業界的做法是以流程自動化技術，透過模擬人的手在電腦上操作，包括鍵盤和滑鼠的輸入等，取代業務人員的親自操作。

RPA的背後由AI模組控制，AI學習了人工的操作過程，能夠自動執行特定操作，例如查詢客戶資料、下載文件、讀取文件、發送郵件等，或驅動特定系統操作流程，甚至可啟動ERP系統以進行檢核，或進入其他的管理流程，像是檢核判斷匯入的內容正確性；若是訂單系統需要簽核，則會拋轉進入電子簽核系統給相關人員，或是同時進行其他工廠的備料及生產程序。

　　過去紡織和成衣業者主要以OEM代工為主，專注於生產，缺乏設計和開發力，產業在過去相對隱形，而如今快時尚品牌利用數位轉型澈底改頭換面。從接單生產管理到成功的電商行銷，每個步驟都是透過數位手法實現。業者不僅從資料中挖掘需求，例如能主打機能服飾、獨特花紋與口袋設計，行銷強調「輕奢」概念，把時尚和潮流結合在一起，很快就打入了年輕人的市場，使革新的紡織業成為潮產業。

紡織成衣業 精進數位轉型

產業痛點：
預估訂單品項繁雜，欄位資料龐大
選機台仰賴老師傅的經驗，多倚靠經驗法則
資料查驗比對困難，預估不易
針對少量多樣產銷，無法精確備料與進行庫存評估

數位轉型前	AI/DX 技術	數位轉型後

預估單更新頻繁且品項繁雜

訂單需人工處理，且查驗比對困難

備料庫存幾乎無法評估

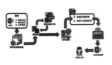

深度學習演算法

自動化訂單處裡技術
透過RPA機器人，快速轉換預估單資料，降低人為標註錯誤率

提高生產效率
成衣訂單資訊複雜，需耗費大量人力且登打容易出錯，以文字語意分析與RPA的技術來打造數位勞動力

供需預測技術
運用AI技術進行供需預測，改善產銷協調準確度及存貨周轉率

圖18：傳統紡織成衣業之數位轉型

主題 4 ——————————

如何熟悉消費者偏好，建立產品口碑以累積忠實客戶

　　不久前台北市某國立大學的營隊學生意外惹出「白飯之亂」，讓網路上的鄉民赤裸裸看到消費者到底在想什麼。所謂的口碑與忠實擁護者，在數位化的世界裡究竟扮演了什麼樣的角色？

❖ 熟悉顧客的 Know-How

　　任何產業都應該實地做消費者心理分析，深入了解**大眾或小眾市場的需求**。透過週期性和不定期的市場研究，做**消費者調查、重點小組討論**和**數據分析**，企業能深入**了解消費者的偏好和行為**，把握市場趨勢，**調整產品和市場策略**。

　　企業可以在訂定「策略規劃」時，著重利用創新科技與數位技術在客戶關係管理（CRM）系統上。一般產業使用 CRM 系統追蹤客戶的交易和互動歷史，有助於建立客戶個人檔案，提供更個人化的服務。

　　在這個過程中，聆聽客戶的聲音至為關鍵。**建立適當的客戶回饋機制**，包括問卷調查、社交媒體監測和客戶支持的回應，有助於深入了解客戶的意見和建議。與客戶的定期互動不僅僅限於銷售時，也包括問候及噓寒問暖。這種互動可以透過定期的電子郵件、社交媒體互動、參與網路論壇等方式實現。此外還有利用

數位工具實現的做法，像是個人化和客戶分群，可將客戶區分為不同的市場群組，以個人化的行銷手法提供客製化的產品，以**滿足每個群組的特定需求**。

❖ 維繫消費者的情感以提升品牌效益

經過完整的「策略規劃」，此時公司決策者應更清楚公司在整體產業中的定位；到底要做熱炒店、校園附近有媽媽味道的料理店、好吃又便宜的快閃店，還是能滿足飢餓感的炒飯店？接下來的關鍵是要形塑產業轉型的「路徑指引」，評估內外部可操作的數位資源，**善用整體數位能量**，深入了解**消費者偏好**，並成為**有良好口碑的商家**。

在品牌建立方面，決策者首要期待建立一個引人入勝的**品牌故事和價值觀**，使**消費者產生共鳴**。舉例來說，若定位為「就是怕你餓的炒飯店」，在校園附近會有廣大的消費群眾。此外，品牌應該傳達企業的價值主張，反映消費者關心的事情，以建立**情感聯繫**。例如愛惜地球善待環境的企業理念能吸引到注重環保的消費者。

最終，企業能成功建立口碑和吸引忠誠客戶的關鍵，在於**提供優質、獨特和有價值的產品或服務**，並不斷提升產品品質和服務水準。

❖ 餐飲業的數位轉型契機

餐飲業因為進入門檻低、易於模仿等特性，市場趨近於飽和，同業競爭程度因而加劇。另一方面提升品牌形象對餐飲業而

言至為重要，但是消費者是否已經在近年的食安事件中對形象好的餐廳產生了足夠信任，願意放心把食物放進肚子裡，仍是一個未知數。

食安考量是餐飲選擇的重要因素，但消費者還需考慮其他複雜因素，如個人飲食偏好、愉悅的體驗，以及個人生活模式。因此，一家出色的餐廳需具備吸引顧客的誘因，而這些因素超越了明確的客群。

許多餐飲業者逐漸意識到數位轉型的前景。過去使用中央廚房的餐飲集團，規模擴大後帶來了綜效，不僅可以降低成本，還能整合產業鏈上下游資源，擴大價值鏈，實現邊際效應。

然而，要如何利用數位轉型迅速擴張？

分店如何迅速複製、迅速擴張？

■從數據中了解顧客習性

理論上，數位轉型具有立即創造高速成長的潛力，這是電腦化最大的優勢之一。店長或經營者可以透過戰情資訊管理看板即時掌握營業期間所有關鍵指標的動態，包括菜色品項銷售和流通狀況。這樣的數據分析使得複製分店變得更加明確，例如把台北市忠孝東路的分店迅速複製到台中市七期的高級住宅區附近。有了數位轉型的經驗，餐飲業者能夠迅速擴張，從原本一年開一家提升到一年開十家，甚至二十家分店，進入高速成長期。

儘管餐飲業屬於典型服務業，店家仍須做好顧客關係管理，確保忠實顧客回流。隨著數位科技崛起，餐飲業者需要了解數位

行銷工具。舉例來說，新開的餐廳可能需創建自己的粉絲團、管理Google評論，透過行銷活動將線上客戶引導到實體餐廳。此外，與外送平台合作、分析店家流量和銷售數據、透過Google Analytics報表與FB粉絲專頁洞察報告，進行經營模式的優化也很必要。

　　然而，形成品牌優勢、建立口碑和品牌護城河等具體做法則是各家餐廳的祕密武器。以王品集團為例，品牌涵蓋了西式、日式、中式、火鍋、燒肉等超過30個不同的餐飲品牌，每個品牌各有不同的特色，是一個卓越的成功案例。

■導入 AI 演算法梳理消費者偏好及行為樣貌

　　過去透過官方網站行銷、Google關鍵字與FB廣告是基本的行銷手段，現在藉助數位科技，行銷效益得以提高，品牌知名度進一步提升。

　　像是利用網路爬蟲及 RPA 技術，透過網路機器人進行資訊搜集、語意分析、關鍵字擷取和自主學習協助做商業決策成為新趨勢。餐飲業可根據願景或目標，在產品宣傳、行銷科技、數據統計和流量創造等方面不斷優化（圖19）。

　　同時，為了提升品牌形象，必須深入了解消費族群的需求。了解他們在意的是價位還是健康，即所謂的消費者感受點。價位可以透過市場情報蒐集來決定，而健康問題更複雜，可能涉及低卡、低GI、或肉品來源等。進一步了解消費者進餐廳前的期待、最近的餐飲流行趨勢、討厭的因素，以及如何培養顧客成為品牌忠誠擁護者，都是營造品牌形象的重要因素。消費者討論節奏與品牌跟進速度之間的落差如何解決？都是AI技術可以協助的切入點。

　　透過數位科技和AI演算法技術，無需小編介入，就能夠針對主題自動挖掘資訊，這些資訊可以透過網路蒐集，定時自動生成品牌自媒體報導文章。同時進行廣泛的潛在受眾生活習性分析、網路聲量排行、忠實客戶數據分析比對，辨識高熱度的熱門菜或主廚推薦私房菜。讓消費者在進入餐廳前，有熟悉及對焦後的清晰感。

　　此外，利用社群媒體和內容行銷，技術上利用AI演算法經營客群常使用的社群媒體平台和與餐廳相關的內容行銷來建立品牌存在感。透過與消費者互動、分享有價值的健康議題內容，回應消費者問題。最後，透過監測閱讀者指數的成長與衰退，精準投放擴散至有效社群，計算曝光率，創造口碑聲量，成功提高餐飲品牌的能見度。

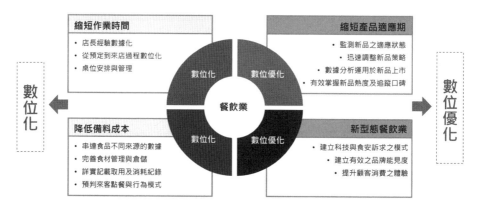

餐飲業策略規劃

縮短作業時間
• 店長經驗數據化
• 從預定到來店過程數位化
• 桌位安排與管理

縮短產品適應期
• 監測新品之適應狀態
• 迅速調整新品策略
• 數據分析運用於新品上市
• 有效掌握新品熱度及追蹤口碑

降低備料成本
• 串連食品不同來源的數據
• 完善食材管理與倉儲
• 詳實記載取用及消耗紀錄
• 預判來客點餐與行為模式

新型態餐飲業
• 建立科技與食安訴求之模式
• 建立有效之品牌能見度
• 提升顧客消費之體驗

餐飲業　數位化　數位優化

數位化　→　數位優化

圖19：餐飲業之策略規劃參考樣態

餐廳蟑螂事件的危機處理啟示錄

❖ 危機處理得當可培養忠誠客戶

　　餐飲業發生意外事件時，快速反應並部署精準行銷策略至關重要；運用數據分析和推播監控輿情也是有效的應對方式。

　　以一家五星級飯店餐廳的蟑螂事件為例：客人從剛泡好的熱茶壺中倒出一隻蟑螂，餐廳經理即時出現並做危機處理。他以誠懇的態度道歉，承諾廚房加強清潔，並在用餐後免費招待甜點和主動給予85折優惠。這樣的處理不僅安撫了客人，還轉化為正面評價，營造良好的品牌形象。

　　危機處理的成功與否直接影響客人的滿意度和對品牌的信任。若是處理不當，可能引發客人投訴和負面口碑。反之，危機處理得宜可避免潛在的公關危機，提前救火，轉化為正面評價。該餐廳經理可能會在事後立刻在網路上進行輿情監控，以防止不當的事後效應。

❖ 自動化 AI 輿情蒐集與競品分析

　　在進行輿情監控的過程中，應用 AI 演算法導入大數據可以提前預判，並轉化為老闆看得懂的可視化或量化報表，以提供商情決策。這不僅能有效縮短產品投入市場後的適應期，降低失敗機率，還可以減少品牌信譽受損的風險。

　　對於餐飲業來說，成功關鍵之一就是市場情蒐與輿情分析。由於傳統市場調查成本高昂，餐飲品牌需要持續與消費者互動保持市場熱度。然而，用餐消費者的喜好、消費行為和熱門議題不

斷快速變化，傳統的市場調查需要大量的人力、時間和費用。因此，輿情分析結合大數據技術提供了更迅速的市場情況回饋，有助於餐飲業者更靈活應對，縮短新菜研發和推廣的反應時程。

　　運用 AI 演算法技術自動蒐集各種網站資訊和輿情數據，進行系統化的語意分析和意圖理解，有助於掌握市場風向、正負面評價。這解決了以往需要投入大量人力與時間做市場調查的問題，並在特定或不幸事件的危機處理上迅速提供商情判斷，以減少品牌信譽受損風險。

　　針對餐飲業消費者行為數據的精算與掌握，有利於未來餐飲通路的整合管理，同時促進朝連鎖店轉型發展，以提升品牌總體業績。透過消費行為數據，可以精算出基本客戶的喜好，進而分出不同的分眾市場與目標客群，滿足分眾市場需求，逐漸擴大品牌影響力。

■數位轉型的成功因素藏在細節裡

　　從另一個角度來看，這類數位解決方案也擴大了對客戶的效益，不僅是一種良好的溝通工具，有助於將消費者的需求痛點有效傳達給餐飲業者，使業者與消費者之間的互動更加緊密，避免新品策略錯誤、銷售狀況不佳等窘境。此外對於合作夥伴，例如連鎖店加盟主，建立良好的品牌形象可降低前期行銷曝光和推廣的成本，進而協助加盟連鎖店在合作後穩定取得營收。

　　餐飲業數位轉型可結合 IT 資訊科技與演算法的應用，有助於消弭品牌與消費者之間的認知落差和距離。這些看似簡單的 AI 系統蒐集、整理、分析情商並推廣，有助於形塑嶄新的商業模式，不僅能節省業者的行銷人力和降低無效廣告的投放成本，還有可

能衍生更多的商機（圖20）。

　　將這樣的數位技術應用在其他服務業中，特別是以顧客服務轉型的方式，有助於解決行銷營運的痛點。這包含應用智慧型對話機器人技術與顧客的線上互動，或廣蒐公開數據，透過與營運數據的加值，依據數據分析結果做出決策。這種轉型將營運模式從業務單向賣產品或老闆決策新產品，轉變為根據數據理解顧客行為與偏好來客製產品。

　　鼎泰豐就是一例，他們的成功哲學是「既然是做小籠包，就把小籠包做到最好」，這種專注於品質和客戶需求的經營理念，使其屢屢獲得《天下雜誌》金牌服務業調查的前三名。另一個成功案例是雲品集團，他們採用多角化經營，疫情期間推出浪漫的公路之旅VANTEL，以「豪華露營概念車打造移動的飯店」，成

餐飲業 精進數位轉型

產業痛點：
無法快速掌握消費者口味風向，市調成本愈來愈高
難培養成為品牌忠誠擁護者
不易了解顧客之消費原因與偏好

數位轉型前	AI/DX 技術	數位轉型後
網路曝光效果慢 廣告成本高 食安口碑培養不易	以數位科技實現餐飲備料及服務數位化與數位優化	**AI自動爬搜上稿** 高效率精準蒐尋結合資訊擷取技術，24小時不間斷即時新增平台文章 **提升文章曝光度** 使用推廣平台，讓網站中熱門文章或議題擴散至同溫層社群，提升消費者閱讀指數 **適當管理餐飲品牌** 導入數據分析技術，進行輿情監控，有效縮短資訊蒐集時間，並減少品牌信譽受損之情況發生

圖20：餐飲業數位轉型

功滿足了顧客對於獨特體驗的需求。

在製造業的數位轉型典範中，社群媒體與顧客互動等方式也被運用來優化行銷推廣策略，並將顧客需求回饋到生產製造端，以改善生產及產品客製開發效能。一家位於南投的表面處理工廠就是一個成功的例子。他們在環保處理上具有專業能力，克服表面處理工件規格誤差大的共通痛點，成功提升了電鍍產業的技術層次，從軍用級水準進入航太級高端的國際市場。

市場情報傳遞如戰場上的「五何法」

10年前發生的塑化劑、食用油、黑心食品等食安事件引起了民眾極大的關注。問題肇因於資訊的不透明和市場情報的混亂，像是可溯源、在地食材、生產履歷及生產過程中的碳足跡等資訊的傳達不良。

在國內，食品製造業廠商數約有7000家，從家族企業到資本額上億的跨國食品公司皆有。其中中小企業占了九成以上，使得競爭變得非常激烈。這樣的市場特性要求更精確的資訊情報管理，包括「何人、何事、何時、何地、為何」方面。

在食品業者中，中小企業透過數位轉型所獲得的效益包括製造數據的管理，以及建立自家各項資訊分析的能力（地），這不僅提高了競爭力（時），還有助於優化行銷推廣策略（事）、理解顧客行為與偏好（人），並且微調或最終改變了原有的商業模式（為何）。

在行銷營運模式上，食品業者仍以傳統業務行銷為主，缺少

顧客喜好數據、對於客訴反應不夠敏感。顧客喜好往往由經營者決定，使得企業無法掌握消費趨勢，進而影響回應顧客需求的速度，無法在產品生產前先期調控。

　　虛擬通路崛起已經成為不可取代的趨勢，而市場的偏好會對銷售產生深遠影響。如果採用傳統的行銷方式或自營官網網頁，常常會面臨與顧客互動不足，不易取得即時消費數據，也容易被市場淘汰。

❖ 建立商情系統、戰情系統拓展市場

　　業者若是能先導入市場上同行業的商情蒐集系統，透過了解目標市場的文化習性、流行趨勢等情報，進一步運用數位市調工具進行顧客體驗，強化與顧客的互動關係，有機會的話，擴大觸角跨足跨境客群，實現既有產品或新產品拓展至新客戶的目標，進而提升營收。例如專營禽肉產品的加工廠，在導入數位市場調查工具後，就會清楚了解鹽水雞和煙燻雞的購買族群截然不同。

　　中小型食品業在有限資源下，若能應用商情蒐集系統或與經銷商合作，就可以輕易跨出轉型的第一步。接下來可以開始收集目標市場的消費習性與流行趨勢，為銷售決策提供了寶貴資訊。

　　進一步的轉型策略是運用智慧市調系統，以協助回應顧客意見，提供更好的顧客的體驗，並蒐集顧客喜好。這有助於經營深厚的顧客關係。透過網路或社群媒體的運用，業者可以耕耘網路線上市場，增加產品曝光度，提升線上線下的顧客體驗，以此提高顧客黏著度，擴展新市場和吸引新客戶。

■數位市調是存活關鍵

商情蒐集是透過數位工具強化食品廠商對國內外商情掌握，這包括定期擷取來自政府駐派外站網站、外貿資源、貿易商情、採購商情和電子媒體等已整理的公開資訊。也可以依據使用者的特殊需求訂閱短期目標市場情報、產品類型和商情類型等客製需求。再針對設定主題過濾出有效商情，快速掌握消費市場趨勢。

這方面的成功案例是一家豆類食品加工廠。這家廠商過去對於原味豆乾、香辣日式素豆干、五香豆乾等產品都有不同的生產製程與訂單。透過採購商情分析，這家廠商就能夠更清晰地了解消費者的輪廓。接下來無論在年節、農曆初一十五，都能夠精準地設計出產量預測（圖21的「豆腐指數」或是「賞楓指數」展示了國外也有的類似的市場蒐集情報指引）。

數位市調工具能進一步協助蒐集顧客需求和喜好的數據，以應用於新產品開發和拓展新市場。由於消費者對於食品的觀感較為主觀，因此最好能有自行設計或簡易客製化的市調問卷操作機制。食品廠商可以根據問卷內容調整對話呈現方式，例如透過Line或FB等服務，以互動和圖文並茂的線上調查，運用不記名或去識別化的原始資料進行問卷回饋的數據分析。這有助於探知顧客對於新產品的想法、對新風味的偏好程度或接受度。這種數據分析能真實反應目標客群的需求，對於研擬合宜的行銷策略至關重要，將來透過精準行銷能創造更多營收。

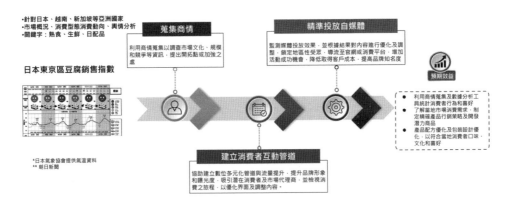

圖21：食品製造業數位轉型時之市場情報蒐集指引

主題 5 ———————————————

如何建立有感的優質服務，在對的時間點提供最好的服務？

　　望著琳瑯滿目的「當日宅配」、「當日送達」、「今日寄今日到」、「今天寄明天到」……，該選哪一個呢？

❖ 一個超級無敵差的客戶體驗

　　好友阿文前陣子在大陸工作，為了裝飾辦公室，所以在購物網站買了一片木紋及材質都非常頂級的工作桌板，用了不到一年，想到非常適合自己在台北家裡的工作室，所以決定運送回來。但是，費了一番功夫才發現，包裝後已經超過官方的海運規定尺寸了，只好找私人集貨商幫忙運送；集貨商也很爽快，表示重量70kg內都可以海運快遞處理。確認大概的報價之後，阿文就把桌板寄到對方指定的集貨倉，心想「應該在幾天後就到台灣了吧，真好」。

　　結果卻是，接連發生了兩次讓「消費者阿文」很不舒服的事。

　　首先，是貨到集貨倉立刻被收超材費。因為包裝的關係增加了重量，集貨商的個案計價網站顯示，該貨品重45kg，比標準的30kg多了不少，體積也過大，所以必須加收費用。

　　阿文立刻嗆聲：「要多收材積費不是不可以，但是你要提早講啊，尺寸不是早就給你們集貨商辦公室了嗎？」對方卻一副理所

當然地說，「是你沒有問，本來包裝超過40公分就要收取額外的費用。」因為桌板都送去了，阿文只好摸摸鼻子付了超長和超重的費用。

然而，這只是第一筆失血。付款大約一星期後，貨物已經到台灣了，阿文又收到集貨商「台灣辦公室」的通知，表示這筆訂單要加收一筆超材費用。阿文反問：「我不是已經付過超材費了嗎？」對方則說，因為要送到台北，尺寸超大的貨物需要專車配送。阿文當然很不開心：「當初的報價不就是送貨到家的價格嗎？」台灣的集貨商就也實話實說：「這個錢是XX物流要收的，錢沒有進我們口袋，不干我們的事，而且是你自己當時沒問清楚。」

這一回，阿文決定一步也不肯再退讓，拒絕支付這筆額外的費用；協商過後，集貨商終於同意退還他當初支付的超材費，條件是貨物必須自提，第二筆可能的失血，總算在這裡止住了。

集貨商給了阿文一個位於桃園機場附近的地址，說是XX物流的倉庫，請他到這個地址自提，「當然」還要另外支付自提費用。跟集貨商確認之後，阿文才搞清楚這個「倉庫」根本就是一家報關行；去了之後，對方當場就丟了一張表單給他，要求填寫司機姓名、車號、司機電話、取貨時間……，以及要提前24小時通知提貨的要求，「哈哈，」阿文心想，「這下總算搞定了吧。」

故事的結局是，阿文費了很大的力氣，找了朋友開貨車到報關行去取貨，結果把自取的表單遞給報關行之後，只拿到了一個大約半個小時車程之外的實際取貨地址，所以又多花了一個小時才搞定。但無論如何，阿文總算終於繳完「所有的學費」了。

這個真實案例，當然算是一個超級無敵差的客戶體驗。誰都看得出來，這個案例中有不少典型「很雷」的橋段；然而，很多現代人的生活都已經離不開電子商務及物流業了，電子商務與物流業的競合發展，更是影響國家數位經濟發展的兩項重要產業。面對電子商務造成的通路革命，傳統的物流產業持續受到大幅衝擊和影響，如何利用本來的優勢、克服新增的劣勢，已是物流業者存活所必須考量的重要因素。

❖ 建立消費者美好體驗的 Know-How

在數位化時代裡，產業更需要深入理解客戶需求。

如何替消費者**建立優質的體驗**，一直是一個很難的課題，企業必須深入了解目標客戶的需求、偏好、價值觀和購物行為，因為這些東西都有助於「根據需求來設計和提供服務」。30 年前經營貨運公司的人，絕對無法想像前例中的現代消費者對於資訊中「等待」的時間觀念。技術面上，當然有具體的做法，像是**根據歷史數據和趨勢**來預測購物或是服務的高峰時間。有了這樣的初步服務時間點輪廓，就可以幫助企業主管調整人力資源和服務準備，以應對高峰時段的需求。

在產業訂定「策略規劃」時，就可以具體想像並提出這個數位轉型的例子，像是「提前預約」和「排程」這兩種做法，就可以提供令人難以抗拒的誘因；比如九折優待卷外加來店五次可參加抽獎，鼓勵顧客提前預約來美髮院做特殊造型頭髮，以便盡早進行排程服務等，自然可以幫助管理者（例如店長）有效地安排工作，減少雙方的等待時間，並提供更好的服務體驗。

　　不論哪種企業，進行策略規劃時都可以考量類似「自助服務」的選項，透過很小的數位化投資提供客戶使用，例如線上預訂、自助機器、應用程式或網站操作，讓顧客可以更方便地獲得服務而不必等待，有時候，甚至於還能意外得到「保護個人隱私」的口碑呢。

　　這類的規劃，就屬於**優化客戶服務流程**。如今的服務業，都必須常規性檢查和優化客戶服務流程，減少不必要的步驟和等待時間，以確保服務的提供效率，或是設計更為直觀的網站或線上店面，並提供清晰的資訊架構和簡潔的介面，確保服務業者的網站或店面易於瀏覽，簡而言之，就是「良好的設計能夠幫助顧客輕鬆找到他們需要的產品」。

　　除此之外，企業也必須簡化結帳過程，減少步驟和不必要的欄位輸入，當然最好能提供多種付款選擇，包括信用卡、電子錢包和多元支付等。至於確認訂單後的快速交貨和配送，也是一門很大的學問，除了最重要的提供迅速且可追蹤的交貨和配送服務之外，提供透明的運送過程等輔助資訊會有助於顧客了解訂單狀態。

　　透過完整的策略規劃之後，應該會讓決策者更清楚該公司在整體產業中的定位，這時，就有機會建立消費者的美好體驗了。在形塑產業轉型之「路徑指引」的步驟上，可以依上述規劃的做法，**善用內部與外部的數位資源，讓消費者在對的時間、對的地點獲得最好的服務。**

最好的購物體驗是「當日送達」或是「今日寄今日到」？

　　網路購物感受不佳的經驗談，網路上可以說多得看不完，不管是在 XX 商城或是 YY 市集，買家或賣家都有交易過後抱怨連連的故事。

　　小周為了給女朋友一個驚喜，在她生日前夕好不容易找到一個賣家，保證可以幫他用當日到府宅急便寄給他女朋友喜歡的小廢包，好讓他及時送出這個生日禮物，從網友的回饋看起來，這個賣家評價還不錯，而且再三確認一定要當日宅急便，官網更是說，當日 11 點前寄都可以當日到。賣家的動作非常迅速，確認他匯款後就立即到 7-11 寄貨，並傳送給小周包裹號碼，也再三保證是當日配。

　　那已經是昨晚的事了，照理說，小周今天應該要收到東西才對。可是小周既沒接到手機的到貨通知，上網查詢，包裹狀態更一直都還是「超商代收」。就這麼等到晚上 9 點，小周再也受不了了，決定告知賣家、請他去問清楚。賣家的回覆讓人匪夷所思：物流商到今天晚上 6 點才來小 7 取貨，所以東西最快也要明天晚上才會到。小周一聽當然火冒三丈──那我為何要特別多付錢選用當日送達呢？

　　我說這個故事，不是要討論到底網購時是選擇「當日送達」或「今日寄今日到」哪個比較好、比較可靠，而是在表達電子商務的成長已是社會必然的趨勢，而「物流」正是電子商務的最後一哩路，沒有物流業，人們在網路上購買的東西就很難及時送到

購買者的手中，直接也最大的影響，就是**消費者的購物體驗不佳**。

❖ 電商如何提供最佳購物體驗？

有趣的是，像小周這樣的網路購物案例，因電子商務部分大多集中在線上行銷，消費者真正收到物品靠的卻是物流業，而物流則是一種物品的線下實體流通活動之行為，只有透過良好管理程序，有效結合運輸、倉儲、裝卸、包裝、流通等相關物流之機能性活動，才能創造這個行業所必須具備的獨特價值。

所以，想要真正的讓消費者有良好的購物體驗，還真的不是一件容易的事。

讀者下一次在向電商下單前，不妨先想像一下：當物流業者建立好一座的物流中心後，就能直接、輕易地利用大數據及物聯網，有效管理庫存、自動揀貨、同時快速出貨，最後將下單的物品準時送達讀者你的手中。不過，事情真有那麼容易嗎？

國內的物流廠商不少，包括全台物流、嘉里大榮集團、新竹物流、統一速達（黑貓宅即便）、宅配通等，都是典型的代表業者，這些過去以後勤配送任務為主的公司，近年來已鹹魚翻身，都在電子商務世界的B2B、B2C以及C2C市場扮演重要角色，只是各自擅長的領域不同。

由於物流業長久以來的市場競爭狀態，所以這個行業其實也一直是電腦化和流程數位化的指標行業，以至於業者在物品之集貨、卸集、發送、轉運、貨物到達、配送、配達等，皆須配置完整的電腦系統以進行貨物追蹤。

大家應該記憶猶新，新冠肺炎期間全世界的港口、碼頭、倉

庫與配送中心都成為消化不良的堵塞點,再加上封城期間的勞動力短缺,讓這個情況更加惡化,成為物流業將來必須面對的極大挑戰。

另外,有關許多物品狀態的即時資訊,包括進出港貨物、貨物追蹤、運送可能遭遇之地理瓶頸、天氣對航線的影響、交貨時間表等資訊,都是物流業需要掌握的主要因素,而數位科技正是實現這個轉變的關鍵。如今,新型態的物流公司已經整合多項數位創新,讓顧客不僅可以在官網查詢價格、預定、處理文件及付款,同時可以輕鬆掌握送達之時間。

❖ 物流業強化與終端消費者溝通、深化品牌價值

簡單地說,物流業是將貨品從甲地送到乙地以賺取利潤,所以常被認為是傳統產業。

實則不然,國際級的大型物流公司早就導入數學模型、統計與電腦科技,從而緊密鏈結物流業最關鍵的物、車、路所有相關資訊,進而降低營運成本與提高服務水準,所以其實已經是典型的科技公司了。國內的物流業,服務對象主要包含零售業之電商、連鎖餐飲、連鎖超商等,當然也有像是電子、光電、半導體、或是食品等產業之運送服務。

■ O2O 商模成功發展的重要關鍵

隨著科技進步而興起的全通路新零售時代,更是強調同步提升高效率與快速的服務,以致物流服務已成為零售業交易能夠完成的最關鍵夥伴。而新零售商模的成功營運,更是十足依賴最後一哩物流服務的穩定提供,以目前透過線上下單、線下即時供應

的O2O消費時代正快速發展來看，即時物流不僅是新零售商業布局的重要一環，更是O2O商模成功發展的重要關鍵。

物流的市場，除了國內的配送之外，其實還有不少跨國的貨物，例如除了歐、美、日本之配送外，覆蓋台、港、中兩岸三地的市場也是一例。目前台灣主要的物流公司各擁優勢，其他小型物流業者若無特殊利基則不易生存，例如傳統中小型物流業者遇到訂單超量、天氣變化與運能不足時，勢必造成顧客服務品質下降，以及更高的車輛調度成本。也許物流業的發展最終會是「大者恆大」，小型公司很可能會被大公司所併購，新進者的高度門檻以及土地取得不易、資金需求龐大、倉儲設備自動化、管理系統、司機與車隊的維運等，都是新進者想要進入時比較不容易跨越的門檻。

■ AI 演算法串聯零售與物流之生命共同體

與此同時，便利商店愈來愈便利，早已成為民眾的生活必要設施，近年來國內便利商店的展店速度已開始放緩，但是拜電商蓬勃發展之賜，收送貨物變多，再加上因應電商宅配需求，當日之物品配送、機車配送、甚至冷凍冷藏全溫層車之配送等，都已成為兵家必爭之服務了。

所以，在這個實際案例當中，也才會有「到底該選當日送達或是今日寄今日到」的課題。其實，琳瑯滿目的7-11當日配、緊急當日快遞、當天寄當天到、當日快遞跨縣市、當日配黑貓，以及郵局當日快遞，都會讓消費者遇到目不暇給的選擇性困難。

以目前的科技化程度而言，典型物流服務幾乎都已全面自動化，包含客戶的理貨、包裝、封裝到貼標出貨，接著自動化分貨

機、全程控管貨件，同時能及時、正確掌握貨件動態，達到供應鏈透明化之物流追蹤。甚至還可以按照電商需求客製化倉儲、運送的每個環節，全面實現數位化（圖22）。

　　至於數位轉型的方式，主要是以資料科學、數學最佳化與軟體技術來解決最佳運送與營運管理上的問題；例如為了有效控制物流成本，針對長期依賴人工經驗來判斷之轉運與物流資源規劃作業，以人工智慧AI演算法之機制，計算出符合成本最小與效率最高之衛星點與轉運站間運輸班次，以達成供應鏈物流最佳化之目標。當然也有業者發展規劃全面物流配送與轉運最佳化的AI技術，透過數據資料整合、最佳化排程演算法與AI模型等技術。在發展動態與先進運輸規劃技術上，從過去到現在，都已有不少成功案例。

圖22：物流業之配送需考慮到最後一哩路

為什麼消費者會覺得「被踢皮球」？

　　基本上，物流這個產業是因配銷貨品及通路而有其存在價值，從實際的案例來看，消費者其實是因為摸不清楚中間的利害關係，才會有類似「被踢皮球」的感覺；但是，實際上物流業早已有了一定的潛規則，大致可以歸納出，影響物流業生存的關鍵正是明確產業定位與通路布建；而近年來通路取得成本大幅提升的事實，也導致通路的布建漸趨困難，例如以通路上代收點的密集度為基礎規模之指標，也增加進入門檻的高度。

　　此外，物流業者需有廣大的倉儲設施，而廣大的土地向來不易取得，更需要龐大的資金，特別是對物流速度的要求條件愈來愈高，當然更要想辦法把倉儲點設置在交通便利的區位，以便縮短各地往返的時間。基於資金調度的問題，現今的物流業者大都採取租賃的方式找土地建立倉儲，較少自購土地。當然也有不少業者斥資建立物流中心，建立專屬車隊，興建萬坪倉庫，以進入物流之大型流通業。

❖ 數位轉型，電商就能打通任督二脈

　　每當提起與民眾息息相關的線上購物之美好體驗時，就會想到物流配送與轉運最佳化的需求；由於日新月異的科技也正快速驅動著物流產業朝向高度數位轉型發展，傳統物流業加速導入科技化之技術運用，勢必可大幅提升管理能力及效率的運作。

　　例如當儲運量增大時，必定需要最適合倉儲規劃之決策，像是最佳儲運點、儲運倉庫、車輛需求及配送排程，以及營業據點

託運需求之預測，都是過去人工處理經常無法因應即時變化之痛點。

其中精確之倉儲據點決策至為關鍵，經由電腦程式以 AI 演算法彙整上下游客戶分布資料、託運能量、土地限制條件等資訊，提供最適合倉儲、營運規劃及設置的評估。另外，像營業據點配送需求之預測，則是透過演算法對貨品進行市場特殊需求分析、運務配送或發貨狀況、以及客戶指定預計託運排程之規劃等，當然還可能包括提供預計進行運物規劃之業主推估託運量變化，以及提供客戶最適託運排程安排參考之用。

另外，在內部之預備配送及物流中心內場作業時，全數位化科技也不遑多讓，常見的機器人、無人搬運車 AGV、大數據 AI 運算等技術等，也正引領著物流與流通作業之緊密結合，讓自動化設施以高效率運營。

❖ 新冠肺炎疫情帶來的物流啟示錄

特別是新冠肺炎疫情之流行期間，也讓我們看到疫苗與藥品的物流搬上了檯面，過去的醫藥品市場屬於小眾也較為封閉，大多直接從國內外採購，生產、倉儲、運輸配送到醫療院所都由藥商一手包辦，整體成本自然高昂。

當破壞式的創新燒到了醫藥品運輸市場後，已數位轉型的醫藥物流委外專業配送之商業模式就應運而生了，主要目的是讓藥品生產直接與消費地連接，但也無可避免的，是從全世界的藥廠到國內醫療院所的長距離物流運輸了。

要執行這樣的特殊長距離運送任務，首先踢到的第一塊鐵板

就是如何選擇優良運輸業者。由於傳統運輸業者不熟悉醫藥產業供應鏈，長距離的運送更導致藥品品質控制不易，嚴重時甚至可能影響藥品應有的藥效或品質之穩定。例如輝瑞（Pfizer）與莫德納（Moderna）兩家廠商的新冠肺炎疫苗要求低溫運送與保存，其中輝瑞的新冠肺炎疫苗必須以攝氏零下70度低溫保存，莫德納的疫苗保存則是要求攝氏零下20度，都是比國內物流業者過去熟悉的冷鏈物流嚴苛得多的運送條件。

所幸醫藥品於物流產業中屬於特殊且受GDP管制之行業別，於各儲存、運送程序中都有嚴格的倉儲及運送機制、藥品流向需滿足可被監控等措施，再加上醫藥物流產業鏈有其特殊之背景，因藥品對安全、環境溫度的敏感度很高，稍有不慎或是監控不良，就會造成因溫差導致藥品效用降低，甚至讓偽藥混入市場。

整體而言，藥品的物流運輸所需面對的難題較多，醫藥品的倉儲考量也較複雜，例如醫療院所之藥品補貨時機分析很重要，需要透過ＡＩ演算法計算與預估，醫藥倉儲服務涵蓋區域分布應考量醫院數量，倉儲負荷量分析應與人口分布結合，配合藥品的特殊與敏感性，從倉儲到運輸過程都需維持穩定的品質環境，並能逐一追蹤記錄，方能完成優質的醫藥品物流。

❖ 善用AI演算法放大物流業數位轉型的效益

另一項物流業者致勝的關鍵，就是運輸車隊的數位轉型，例如在天氣、路況、需求持續變動與運能有限的情況下，能否靠演算法動態地調度出滿足客戶服務水準的車隊，像是高準點率的派遣計畫，就是指標性的挑戰。

　　在物流營運的派遣中心內部，複雜的電腦演算機制就是嘗試解決在需求、氣候、交通路況等多項實務環境條件變化下，利用聰明的演算法快速產生或建議最佳化調度的運作決策，提供協力運作運輸物流公司進行人車及資源等調度。我親眼見過當利用 AI 演算法計算之後，整體成本仍然過高時，甚至連傳統的機車式包裹快遞公司，都可以迅速完成內部作業流程改造，轉型加盟、進入都會區快送物流服務的案例。

　　在車隊管理上過去已有許多資訊化的實例可供參考，例如透過機器學習的方式，規劃出最佳安全駕駛路線、最佳節能路線等。在數位優化的過程中，有的物流運輸業者甚至以戰情看板方式呈現評估指標，提供每位執勤中之駕駛員即時車況、駕駛行為整體性評估，以便即時觀看，如有異常可隨時進行調度。像這樣連駕駛行為都可以進行電腦評估之目的，在於讓駕駛員能透過改變駕駛習慣，來實現以優良物流車駕駛之行為，逐步提高運輸效率之優勢。

　　另外，也有業者針對物流車隊之交通路況進行即時推播服務，例如提供駕駛員每趟運送過程中鄰近事故通知、危險路段告警等服務；當駕駛員行經危險路段時，就會以手機推播的方式告警。路況方面，也會提供所在區域擁擠路段告示、各地測速照相機位置等資訊給物流車隊之駕駛，使其能一手掌握最新路況，將車禍事故可能降至最低。當然最終目的是因著良好的駕駛習慣保障物流車駕駛者、貨物及車子的安全，降低車用設備及零件的耗損，使車隊管理上變得方便且具彈性（圖23）。

❖ 螢幕觸碰式販售機的消費者體驗

　　既然提到消費者的體驗，有沒有讀者留意到，幾年前流行從夜市到街口都擺滿了的選物販賣機（又稱「10元娃娃機」），已經被愈來愈多的聰明多元販賣機取代了？這些販賣機不但可以上架商品、托播廣告、收集消費資料，甚至將來朝無店面商店的方向邁進。以下，就舉一個這樣的實際案例和讀者分享。

　　中部地區有一家自有品牌、專門生產生產線自動化機具的企業，專門整合顯示螢幕、外加POS系統管理、以及掌握行動支付的掃碼與感應技術，透過商業模式轉型的手法，發展出第三代能夠實現消費者體驗的螢幕觸碰式販售機。這個聰明的販售機，可以以消費者熟悉的非接觸式的方式，輕易點選、更換選擇、放入購物車、然後以多元的方式結帳；這樣的消費者體驗相當特別，販售機不但可以依據地點調整貨架空間，以便放置如食品、飲料、零嘴等商品，更可以如同金融業提款機般，輕易讓後台的 A I 演算法了解附近消費客群的購物行為，也為將來無人化商店的市場，提供了台灣本土的具體做法。例如統一超商有類似的自動販賣機，安裝在特定地點如高鐵站或科技公司內。

物流業 精進數位轉型

產業痛點：
　　　物流已成民眾不可或缺之日常服務，消費者優質體驗尚未建立
　　　運送班表極端複雜， 僅能大致安排，如週間、週末樣態
　　　政府法令要求GDP合規認證，倉儲與物流業者亟需符合規範

數位轉型前	AI/DX 技術	數位轉型後

遷就不同運輸物品的特性，規劃不同物流服務，服務品質不易掌控

不易做到物流透明化追蹤，及批號效期控管

倉庫出貨人員需要耗費人工進行管理不同的物流出貨作業安排

配送路徑最佳化

可在相同服務水準前提下，降低運輸成本及營運成本

提高運能、運務班次最佳化，營業數據分析預測，宅配配送路徑最佳化等

可針對物流業未來在新增站所時，重新快速設計班表

圖23：物流業之數位轉型

動態定價的時代來臨了

前一陣子，媒體和社群平台都有關於購買大學生優待票規定的討論。起因是，有部分學生持優待票搭乘高鐵時，除了被要求查驗學生證之外，還被要求出示在學證明等其他證件，後來當然在網路上討論得沸沸揚揚。

另一個真正與一般消費者有關的因素，也是節省荷包。為了省錢，我們可以考慮搭乘離峰班次，像是高鐵一大早或半夜的班次，通常會有早鳥優惠（65折差很多），通常愈早訂位者愈有機會訂到65折優惠車票，不過，雖然票價較低，但這些班次的停靠站可能也比較多。

不只早鳥，類似的優惠措施還包含學生票、定期票、通勤回數票優惠等，還有出門玩可以搭配的交通聯票券或住宿，都能省下不少花費。

其實對服務業而言，服務的重點不僅在於產品本身的銷售，也在於企業如何傳達該產品背後的價值，也就是如何讓消費者有美好的體驗。

❖ 市場機制本來就該由時間來當裁判

過去服務業使用的傳統行銷方式，除了不可預期的人力成本過大之外，往往實際成效不佳，觸及率更是低迷；現在，只要透過數位通路宣傳，就可以接觸更廣的客群。以一般規模的公司為例，透過數位行銷可以輕易觸及數以萬計的潛在客戶，利用網頁廣告（例如清楚統計誰有興趣／對哪個社群媒體有回應）來統計

點擊率，不僅可以推算產品優勢，更可以用來擬訂市場策略。

　　另一個服務業自身可以主導的關鍵獲利因素，就是訂價問題了。對服務業來說，動態訂價實在是再自然不過了，因為市場機制本來就該由時間來當裁判，例如航空業和旅館業，早就依據供需狀況，甚至才過一分鐘就調整一次價格，和電影院早場、午夜場的折扣較高是一樣的道理。

　　透過數位轉型之後，服務業便能使用動態之訂價方案提升業務效率，就如同電力公司的離峰價格，本來就該比尖峰時刻低，結果就是鼓勵民眾盡量使用離峰之低價電力，以確保契約容量不會超過。同樣的道理，台鐵和高鐵早就該使用動態定價的方式來銷售車票，而不是台南到台北的台鐵票價固定738元、高鐵對號座票價固定1350元；這樣一來，就不會讓上下班尖峰時刻班班客滿，而清晨或是晚間的列車幾乎是空的。也就是說，動態定價讓想像空間變大了。

　　順帶一提，最近連亞馬遜也根據即時數據，加上 AI 演算法的強大能力，每隔10分鐘就更改一次線上所有產品定價，所以說，採用動態定價的時代來臨了。

❖ 服務業可以創造什麼新市場價值？

　　隨著數據的不斷增長和分析技術的進步，服務業勢必更加重視數據的應用。透過收集、分析和利用客戶數據，企業可以提供更加個性化的服務體驗，精準滿足客戶需求，並建立更優良的客戶關係（圖24）。

　　AI技術的發展，也為服務業帶來更多創新和效率提升，例

如機器學習和自然語言處理的應用，就將使得自動化客服和虛擬助手變得更加聰明及人性化，能夠更清楚地理解和回應客戶的需求，提供即時且準確的服務方案。

　　未來，服務業勢必更加注重擴展數位手段，以達到更廣泛主動接觸客戶的目標。另外，行動應用、社群媒體和線上平台等數位管道也將成為企業與客戶互動的主要途徑，並藉以提供更多元化的服務形式，例如即時視訊客服、即時聊天和社群互動等。

　　同時，隨著智慧物聯網技術的發展，服務業也會更廣泛地涉足智慧家居領域。在技術與安全可以並存的前提下，透過連接各種智慧型設備和居家系統，企業可以提供更加聰明和便捷的家庭服務，如智慧型居家安全、能源管理和家庭成員健康監測等。

　　另外，隨著行動與數位支付和虛擬貨幣的普及，服務業將加快整合各類多元的支付系統。這將帶來更快速、安全和方便的使

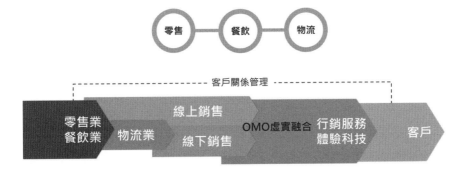

圖24：服務業之產業現況

用與支付體驗，同時也藉由提供更多的支付選擇來滿足不同客戶
的需求。

主題6————————————————————

如何進行分眾行銷，以互動擴散粉絲群？

　　2023 年 10 月上課時，和學生討論了以數位技術實現實體購物和線上購物在行銷上的差別，結果學生們七嘴八舌地談到的，都是雙十一購物節就快要到了，準備好要讓荷包大失血，所以我就開放這個問題，讓大家談談線上購物與線下實體購物的不同行銷方式。沒想到，大家還真的都有非常深刻的體認。

　　一位女同學先說了，購物網站常常會吸引很多人不小心手滑，因而買了一堆其實沒那麼需要的東西，她就是這種明明沒必要、卻還是想買點什麼的人，常常會被男朋友戲稱是「購物狂」；這方面，另一位同學的做法是給自己 5 秒的時間思考，想清楚是真的「需要」、還是單純「想要」，因為有時候，人在心理上想要購買東西的願望會比實際擁有東西更讓人覺得開心。但也有不少人提到，即便總是會買一些不一定用得到的東西，不花錢還是覺得不舒服。

　　最後一個同學提出一個勁爆的想法。他提到的是，不知道從什麼時候發現某家購物平台在星期三有免運券後，開始每天習慣性地逛網拍，看到喜歡的就丟購物車，然後呢，到了週三才下單結帳，沒什麼想買的話，也會拼命找一些便宜的生活用品下單，然後就開始等出貨、領貨、然後再逛網拍。他說，雖然金額不是每次都很高，一週控制在兩三百左右吧，但一週沒購物「心裡就

會癢癢的」。

上網、出門都不必帶現金，可真是21世紀的新生活方式，但長期只需刷卡又或以手機電子支付花錢，卻容易讓我們無形中荷包大幅縮水──那些看似不痛不癢的小額消費，累積起來的卻是相對龐大的金額。

❖ 整合線下線上行銷的Know-How

這樣線上行銷數位轉型的例子，可以在產業訂定「策略規劃」時就先內部腦力激盪，具體想像並提出像是該如何**提供給客戶這個商品最有價值的內容**，以及用什麼樣的方式提供。這其實早就是服務業常用的概念：為什麼客戶要買我這個東西？接下來，才是要清楚地**知道目標客群在哪裡**。

一般行銷時，常會將市場分為不同的細市場或分眾，**每個分眾或是族群應該找出共同的特徵**，例如年齡、性別、地理位置、興趣、行業、收入水平等，然後才在企業的粉絲群中分享有價值的內容，如文章、YouTube、圖片或獨特的資訊，確保這些內容與產品的粉絲群的興趣相關並具有吸引力。

有了完整的策略規劃之後，公司的決策者應該就會更清楚該公司在行銷上的有效手段，像是**如何對消費者進行完整的分眾行銷**；而在形塑產業轉型之「路徑指引」上，則可以從內部與外部既有的數位資源出發，讓消費者感覺你很寵愛他們，**只要跟著你，一定可以買到最好的服務**。

在數位技術的應用上，當然還可以規劃、設計一個機制，以此獎勵分眾的互動和參與，像是針對比較積極參與的粉絲群，就

主動回應成員的評論和問題，對於比較冷淡的粉絲群，則不定時自動送出一些有趣的內容。也可以考慮建立積極的互動和社交氛圍，讓成員感到他們的參與是受歡迎的，透過與每個分眾持續的溝通，了解他們的需求和反應，就可以**建立長期的關係並保持客戶的向心力。**

　　還有另外一點也相當重要 —— 盡可能主動建立粉絲群的規則，在適當的時機，以文字明確解釋這一個社群的發言規則（或有什麼潛規則），以確保粉絲群遵守秩序和相互尊重，協同建立一個友善和彼此尊重的環境。

❖ 針對粉絲群進行分眾行銷之效益

　　如果還想更進一步應用數位技術，可以考慮**強化使用互動性功能**，像是利用社交媒體平台提供的互動性功能，如投票、問卷調查、直播等這些小技巧，都可以增加成員參與度。在促進分享和標籤上，這裡也有小技巧可以和讀者分享，例如主辦一些有意義的活動、比賽或互動性的挑戰，以**吸引成員參與並分享**給粉絲群，增加互動和擴散。特別是業者若能提供有吸引力的故事或是內容，鼓勵成員在自己的社交媒體平台上分享，例如，粉絲可以發布最近自己使用某個產品的心得，分享好友的貼文或圖片，以激勵成員分享各自的故事或經驗，並鼓勵他們標記其他可能對內容感興趣的人，這樣一來，企業的**粉絲群就可以從原來既有的客群不著痕跡地擴散到新的受眾。**

　　定期的線上互動，也是有用的線上經營社群技巧，可以由專人創建連續且有趣內容系列，例如有趣的媽媽廚房必殺技教學、

小撇步分享、迷你課程、問答或每日提示……，都可以持續引起成員的興趣。如果能夠經常發布問題、投票或每週提出一個挑戰，就能保持成員參與度並刺激互動。當然，最後就需要持之以恒地更新主題，藉以定期測試和評估效果，使用關鍵績效指標來評估每個分眾的表現，並根據成效調整短期策略，**為每個分眾制定特定的行銷策略**。這些策略可能包括產品定價、宣傳活動、產品設計、分發鋪貨管道和促銷方式。重點是，企業必須確保能夠持之以恒地更新和管理粉絲群，不斷提供新的內容和活動，以保持成員的參與熱度。

最後一個重點，就是合作夥伴的重要性了。在這裡要特別強調，企業一定要與相關的合作夥伴或社群媒體影響者合作，以擴大企業內既有的粉絲群的知名度和參與度；這方面，可以根據每個分眾的需求和偏好，創建專屬或個性化的行銷內容，包括設計有效廣告、產品描述、網站內容和主動邀約社群媒體，總之就是要保持對待粉絲的一致性。儘管每個分眾的行銷策略可能不同，但**品牌的一致性不能有變動**，以確保品牌形象和核心價值觀在不同分眾中是一致的。

勢不可擋的「新零售時代」

零售業實在是琳瑯滿目，包括我們每天可能接觸到的百貨公司、超市、超商，以及實體量販業等都是，而且現在大家都說，線上線下無縫接軌的O2O（Online to Offline）或是OMO（Online Merge Offline）虛實整合零售商業模式之「新零售時代」來臨了！

❖ 什麼是「新零售」？

　　你看到線上、線下零售與現代物流業的結合了嗎？這種全新的零售方式，正以實體店、電子商務、雲平臺、行動式連網為核心，融合線上及線下的消費行為，充分計算及利用商品、會員、交易、行銷等數據後，向顧客提供跨管道的無縫式購物體驗；說了這麼多，其實新零售的概念就是「讓整體零售行業更有效率地服務消費者」啦。

　　在新冠肺炎肆虐期間的 2021 年 10 月下旬，國內超市龍頭全聯無預警宣布收購另一老牌量販店大潤發，如此一來，將來的全聯就變成「購物中心式」的超市了；所以未來的零售業巨頭之爭，就會變成有 6000 家門市的超商式零售業者龍頭統一超商，以及超過 1000 家門市的購物中心式超市零售龍頭全聯的分庭抗禮了。

　　這還只是零售業中的超商與超市的例子，其他的零售業還有像是美妝類、百貨類、家飾類、五金類、書籍文具類等，我們生活中無所不在的購物，幾乎都與零售業有關。

❖ 實體零售與線上行銷手法的巨大差異

　　實體零售店面最常見的問題，就是店裡的陳列貨品客人可能不需要，只是擺在店內當作裝飾品，顧客想買的商品店裡卻沒貨，還得特別訂購；因此，如何整併線下與線上資源及足以描述顧客需求的資訊，來提供更優質的銷售服務，一直是零售業近年來數位轉型的重點。

　　其實，零售型態的轉型與進化從來就沒有停滯過，早期的柑

仔店轉型到現在的超商，過去的產品 vs. 服務到實體 vs. 線上，再到未來之「數位賦能」、「數據洞察」，零售業一直都在轉型，也就是唯一不變的就是「變」。

務實的市場觀察，也發現有更多的購買都轉往線上進行；而且，有愈來愈多的製造商現在都選擇直接賣產品給消費者，也就是所謂的 B2C 模式。這樣一來，銷售流程不只可以完全避開零售商，讓情況更具挑戰性的是，這些令人擔心的轉變發生在幾乎零售業銷售的每一個產品身上，包括家用品、書籍、服飾、食品、甚至娛樂商品上。

另一個零售業面臨的現況，則是例如面對未來高齡化、少子化可能同步顯現效應時，超商和藥妝店這兩個過去屬性截然不同的零售業者，早已經開始結盟，勢必出現愈來愈多販售商品重疊的可能，似乎也會驅動令人吃驚的異業結盟。當然了，對零售業而言，在銷售同性質商品的競爭下，往往會因為價格優勢不同，而與其他店家展開惡性低價競爭，這樣一來，合理的解決方案之一，就是在提高自我品牌知名度的誘因下，鼓勵自創品牌的五花八門商品，較為靈活的零售商甚至採取搭配主題和季節性推出組合商品，來增加消費者購買的意願。

過去，為了使顧客線上足跡更清晰，零售業常見的典型作法是將官網加入 Google Analytics，用以評估行銷或促銷活動之成效，然而科技發展日新月異，當零售業因非預期因素以致規模擴展時，內部 POS 系統常因過於分散及銷售數據複雜難以統合，亟需更準確的行銷工具，才好進行整併數據並提供有效分析報告，做為策略布局及預測收益之手段，這也是**零售業始終是第一波投**

入數位轉型的主要動機。

數位科技與 AI 演算法聯手可大幅提升零售業獲利空間

　　過去老一輩的經營者，因較為熟悉管理梯隊的人為傳授經驗，導致過於專注實體門市之經營，不太懂得顧客粉絲團的經營，因此對於如何投放廣告常常一籌莫展，往往也不熟悉按讚、留言、分享等動作背後的意涵，以至於粉絲互動或擴散率超低，再加上粉絲團內容根本無法掌握真正客群，抓不準忠實客群之真實需求；凡此種種，都是各類型大小零售業者目前經營之隱憂。這就像是，50年前民眾夏天時愛吃的白牌「枝仔冰」和30年前的「百吉棒棒冰」，相比今天大家在吃的「春一枝」冰棒或「哈根達斯」冰淇淋，客群不但很不一樣，也都需要深入釐清。

　　銷售完成後的及時精確補貨問題，也是零售業者心中的另一種痛。當促銷期間導致熱銷品缺貨時，消費者可能無法立即購買到想選購的品項，進而造成潛在客戶流失；或是熱銷品缺貨，現場沒有經驗的產品管理師補貨時會以滯銷品替代原本的熱銷品，導致採購誤判實際商品需求；輕則影響採購決策，重則增加庫存壓力，當然不可不慎。這些問題，一直是零售業者所面臨的挑戰（圖25）。

❖ 大型購物集團利用 AI 添加行銷創意

　　這裡將舉一個大型購物集團的實際例子，來說明新零售業以

AI技術實踐數位轉型的手法。一般大型購物集團都會有不同的內部會員系統在運作，例如可能包含電視購物頻道、網路線上購物頻道、或是多種不同屬性的電子商務平台，如果是單一線上購物平台，往往缺乏其他相關事業體更為多元的內、外部資料。

　　這個大型購物集團就不一樣了，透過AI演算法，該集團適當串聯及梳理出使用者的身分與喜好，依據人口數、地區、行為等面向預先整理的事實標籤：例如曾經買過某種嬰幼兒用品的消費者，最近連續購買了兩種寵物玩具，或是最近買了某款高檔寵物飼料；再不然就是過去瀏覽網站時，曾經點擊過某一類的新聞報導，加上經過AI精算後的演算法標籤，進而從鋪天蓋地般的使用者資料中，用AI演算法整理出單一消費者的輪廓圖譜。

　　在新零售時代來臨時，根據過去的經驗，唯有透過AI演算法清楚識別使用者身分，才可能建立完整且單一的消費者輪廓，藉此更清楚了解消費者喜好及個人的線上線下行為；這樣一來，不用透過繁雜的市場調查與確認，電腦就可以更「懂」消費者的喜好與購買行為了。

　　當然，接下來就可以更合理地選擇適當的行銷方式，來強化與會員的溝通互動，達到更精準的個人化行銷策略，這個部分就是所謂的「優化流量工程的邊際效益」，簡單說，就是以AI技術加值及利用第一方數據，進行全面性消費行為分析，以提高廣告的點擊率，接著迅速更新受眾，並放大廣告的效果，間接提高廣告價值與可能協助電商平台的導購訂單。

　　當然，對老闆來說，使用這種AI技術就是最好的「把流量變成現金」的做法了。這種AI，也就是賺錢的AI。

零售業 精進數位轉型

產業痛點：
　傳統習慣專注實體經營，線上粉絲團客群未充分打開
　按讚、留言、分享少，粉絲互動擴散率低
　網路曝光成本日益升高，但轉換率低

數位轉型前	AI/DX 技術	數位轉型後

消費經驗斷鍊，數據碎片化，客群樣貌拼湊難度高

線上客群未擴散，臉書粉絲團成效不彰

網路曝光率低

以數位行銷技術進行分眾行銷

大數據精準網羅目標客群
透過AI深度學習，推薦至相關TA群，直接傳遞內容至目標客群

建立商情分析與輿情監控
透過網路全方位爬蒐，自動貼標洞悉力強，利用資訊科技精準推播，將廣告費的運用更有效率、擴散性佳

直播導入AI互動
直播情境導入AI技術，促進互動率，提升整體觀看成效

圖25：零售業數位轉型

整合顧客實體店面造訪軌跡與線上瀏覽軌跡

　　前文提到，零售業常因過於分散的銷售數據難以統合，以致始終是第一波願意投入數位轉型的產業；但在數位轉型的過程中，零售業卻也最常遇到需要**整合顧客實體店面造訪軌跡與線上瀏覽軌跡**的例子。

　　實體軌跡也稱為「線下軌跡」，指的是即時的門市店面人流、POS交易資料加上會員的購買資料，其中的人流資料，可以透過實體店面內外之攝影機分析與約略統計顧客年齡層或是取得電信業的人流天線資料，例如計算店內人流偵測及人流動線、停留熱區分析等，以及POS系統結合會員的資料，就可反應即時銷售與營收的樣態，也可以解析顧客購買之動機；至於「線上軌跡」，

指的當然就是官網的網頁點擊數量、停留時間、瀏覽與滑鼠滑動等更為豐富與不同層次的意圖資訊。

零售業如何利用 AI 技術優化行銷策略？

其實不用太高深的電腦學問，只要透過軟體技術與精緻設計過的演算法（有些人喜歡稱之為「AI模型」）的計算，就可以對線上瀏覽者（會員或是非會員）之瀏覽行為有更清楚的解析。例如針對周年慶、換季促銷等不同檔期活動，歸納消費者如何針對不同場景的不同購物行為，進行更精準的銷量預測，必要時還可以將顧客分類及貼標。這種源自會員消費記錄與輪廓的解析，再以演算法精算出的虛實整合效益，就能達到下次造訪時交叉銷售之目的。

❖ 導入 AI 技術可精確網羅目標客群

實務上，實現「利用AI技術優化行銷策略」的方法當然有很多種，早期其中一種方式是在零售業的官網上蒐集消費者的cookies數據，將內部鋪貨資料搭配顧客行為（如購買行為之動態資料、滑鼠軌跡等）進行整合分析，然後進行顧客樣態分群後，針對具消費潛力之顧客進行貼標工程，以提升銷售率或再行銷的機會，包含分析滑鼠軌跡、停留時間、捲軸拉動、頁面切換數量……等資訊，從中找出線上購買之猶豫客，以發送新品折價券等措施，來吸引顧客下一次再來時會購買的動機。

當然了，若能利用跨螢幕身分識別的方式進一步蒐集cookie，

以及交叉比對 email 或是社群帳號資訊做為參考，將可更有效整合分散的顧客消費軌跡數據；經過幾次確認後，逐漸收斂並進行精準行銷。針對這類的客群，就可以立即贈送定額的折價券，甚至在其他商品也可以獲得折扣，鼓勵顧客下次消費時使用。

然而，我們即將面對、而且無法改變的事實就是 cookieless 的時代來臨了，導致第三方數據的追蹤愈來愈困難；這類的阻礙，也就是「顧客資料碎片化」。然而，事實是你還是可以利用其他更高階的 AI 演算法技術，甚至於可以從消費者的數位足跡當中，結合會員的基本資訊或購物記錄，可以進行分階段式的行銷策略。這方面，後面的文章會有更深入的介紹。

一言以蔽之，過去局限於商品官網、以及基本購物車的做法早就落伍了，新一代的數位轉型，已經可以利用 AI 演算法做到熟悉會員或舊客的購物行為，加上新客的精準導流，將一位訪客每一次的瀏覽行為視為一個「旅程」，以讓顧客得到美好的「**購物體驗**」（以很低的價錢、很短的時間找到需要購買的東西之成就感）為目標，針對用戶瀏覽行為主動推播行銷內容，以間接幫助提高「客單價」（一位顧客進來，一單買了多少錢），進而增加可能購買之轉換率（進入網站的訪客中，做出特定轉換行為的比率）。

簡言之，**高明的 AI/DX 解決方案**能洞察消費者的各種行為數據，進而**藉由消費者購物旅程制定精準行銷方案及產品策略**，緊跟著的行動方案，便是協助客戶連結數位廣告、社群投放、EDM、網紅媒合等數位行銷應用，對**目標族群及潛在客戶做出最佳互動路徑的成效優化**了。

❖ 為什麼會轉型不成功、轉骨不順利？

理論上，經過數位轉型改善業績後的關鍵成效，在於可以拉高零售業門市客流量、提升平均消費額、優化庫存供應狀況、甚至提高庫存品能見度等一系列的改善，最終提高企業整體營收。

不用說，當然所有的零售業者都希望能夠一步到位地達成數位轉型，但是往往事與願違。我不僅看過轉型不成功、轉骨不順利的案例，甚至還有零售業者因轉型不順而大吃悶虧；在我看來，失敗的關鍵大多在於不能「知己知彼」，也就是不但沒有真正了解自己的能耐，而且沒有真正了解顧客的想法。

以下就以直球對決的方式，剖析如何知己又知彼。

首先，針對已有百萬級會員或活躍App使用者的中大型零售通路商而言，當然絕對不允許錯過這一波數位轉型的機會；而且，過去實體門市的零售歷史交易資料量充裕，更足以做為商業決策的參考。然而，若是沒有引進足夠的IT資訊技術進行數據整合，就稱不上是數位轉型，只能說是數位優化，像是門市零售之流程優化，這就是前面提到的──低估了自己的能耐。

真正的數位轉型，是希望透過自動導購的概念，在經過精密計算後提供每一位客戶最佳化商品推薦，以提升潛在客戶從線下瀏覽行為轉換至線上實際消費，或是導引線上會員帶著電子折價券前往實體門市消費。

真正的數位轉型，是要透過更完整的資訊整合及AI演算法標籤技術，在「人、時、地、事、物」資訊都充分滿足的條件下，實現自動以顧客資料庫中「事件」為基礎的行銷，達到數位轉型的「完勝」，也就是提供消費者在最佳的時間點、透過最佳線上

或線下的方式，以客戶感覺最佳的消費者體驗購買有優惠折扣的商品。

❖ 推薦系統就是一種資訊過濾機制，AI 還可為伯樂推薦千里馬

　　每個消費者都有自己的消費習慣，喜歡逛網路的人會在網路上購物，喜歡逛實體街店的人，則傾向在實體門市購買。但不管是哪一類的消費者，當然都會在不同的場所購物，也會有不同的消費週期；例如有人每過幾個小時就會上網看商品，有人每天上班搭捷運時，會利用空檔看折價商品，有人每天都會去便利商店，有人每週會去逛一次街，也有人一個月最少會去一次大型量販店。透過清楚了解人們去不同場所的消費週期，就能以 AI 演算法為消費者布建完整的通路陣列，從而塑造對零售業有利的環狀消費通路，也就是前面提到的真正了解顧客的想法。

　　多年來我深入研究的 AI 推薦系統，就是這個領域最適用的技術。基本上，推薦系統是一種資訊過濾機制，用於預測用戶對物品的「評分」或「偏好」，近年來已應用於各行各業，包括音樂、新聞、電影、餐廳、美食……的推薦，一般人比較熟悉的 Netflix 電影推薦、或是 YouTube 的影音推薦等，就是 AI 推薦系統的成功範例。

　　簡單來說，AI 推薦系統所採用的方法，是結合用戶過去的行為（例如以前購買過、選擇過、評價過的物品等）與其他用戶的相似決策，以建立特定族群的推薦模型，再用來預測哪一類用戶對哪些物品可能感興趣；也就是說，AI 推薦系統會根據用戶對物

品的感興趣程度，推薦給他類似性質的商品，例如保養品、美妝用品和睫毛膏等，就屬於「相似」的商品。

AI技術既能提高行銷效率，也可以增加銷售管道

　　先前提到的特定商品可能購買的預測，如果採取傳統人工逐一比對的方法，一定會花很多時間在整理相關銷售之統計報表上，但即使找到重要的關聯資訊，最終還需要驗證結果，使得過程極其繁瑣。現在，如果我們利用「文字探勘」的技術結合深度學習，就可以讓電腦在短時間內從上百萬篇文章裡找出相關資訊，市場分析人員只需驗證，當然可以節省很多人力資源與時間（圖26）。

　　這裡就舉一個淺顯易懂的例子來說明。想像已有成千上萬篇相關但是雜亂的文章或報告等著我們來處理，你會怎麼做呢？首先，你必須先讓電腦系統知道，在這一片汪洋的數據海中要特別注意哪一些資訊，也就是我們常說的關鍵詞，或是關鍵詞組。接著，你要預先設計良好的機制或模型，擔任電腦語言和自然語言之間的翻譯，將這些文字資訊轉換成有意義的計量化數值——因為電腦只能分析數值，而且是電腦能解讀的數值。

　　事實上，在人工智慧引進推薦系統的議題裡，不管是網路評價資訊、使用者回饋文字描述，還是銷售上的真實數據，都可以當作AI模型學習的素材；藉由資訊轉換與擷取，這些素材就會逐漸轉變為利於模型判斷的資訊。此時，就能根據不同的學習目標來完成特定目的的「推薦」工作了。

　　另外一種零售業較不為人知的數位轉型方式，就是透過數位化和數位優化分析有利商業行為來產生新的商業模式；例如在某一個週年慶的活動後，就讓 AI 系統立刻梳理期間的所有行銷數據。當電腦「看完」這些數據之後，就會提供主動找尋供應商採購商品來實體門市販售之類的建議，或是和哪些異業——不同性質的服務銷售——配合，來增加客群的類別，進而提升其他商品的銷售量，也就是俗稱的「以大帶小」或是「以熱帶冷」的手法。以超商為例，多年來就不斷增加截然不同的服務項目，像是繳費和受理包裹代領服務等；這些商業手法，表面上看起來只是「提供服務」，背後的道理可沒那麼簡單。

零售業策略規劃

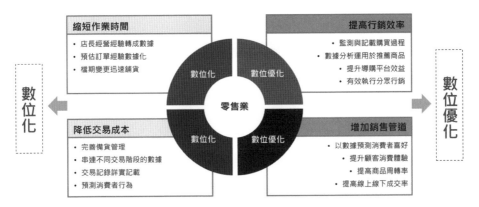

圖26：零售業之策略規劃範例

你們家的產品有多少鐵粉？

　　過去有一個專業人士堅信不疑的「一萬小時定律」：任何人做一件事，只要經過一萬小時的練習，都能從普通人變為某一領域的頂尖人才。

　　現在這個社群媒體意識當道的社會，則出現了一個「一千粉絲定律」：只要你在網路上有1000個鐵粉，就能養活一個KOL（關鍵意見領袖）。

　　這個KOL，有可能是常在社交媒體中發表對運動球鞋評價的籃球隊前鋒，不單能吸引無數跟隨者的眼球，更能影響很多人的消費決定；也有可能是音樂創作者，當獲得足夠的媒體播放流量，就能以創作維持生計。

　　顧客的購買行為確實相當複雜，但只要有完善的、針對服務顧客進行的概念轉型計畫，就不難培養出1000個鐵粉。

❖「服務顧客」的概念一直在轉型

　　因應數位化發展及後疫情時代消費形式的逐漸改變，以往被動式的做好商品陳列、等待消費者到實體通路購買的服務方式早已被取代。先以大型零售企業為例，台灣的四大超商集團便不斷在加強線上與線下或虛擬與實體通路的融合，應用會員制及App等收集消費者習性，並以多元活動來試探營運與顧客關係，例如觀測或推估KOL的發言風向來設計新的服務，以創造新型態客戶及推出有需求的新產品來增長營收。

　　在顧客數據方面，傳統的零售業者以蒐集行銷端數位化數據

內容為主，一般以交易記錄為最多，顧客資料次之，但顧客喜好及網路聲量的蒐集則普遍偏低。所以，未來在進行數位轉型時，顧客喜好及網路聲量數據都應該是零售業者或轉型部門必須著重的項目。

當然，業者也可以根據顧客的線上行為，像是瀏覽次數、停留時間、購買次數、加入購物車的統計，歸納出特定商品的喜好程度；也可以計算商品間的相關係數，逐步歸納出較常被一起購買的互補商品，或是更有利潤的替代商品，進而不著痕跡地推薦給消費者。

❖ 藥妝與健康食品永遠是數位轉型的檢核點

零售業的競爭相當激烈，特別是藥妝與健康食品之零售業，近幾年來結合線上與線下的通路之後，戰況就更精采了。例如某些國家（特別是中國）就常有遊走法律邊緣的商業行為，使用者也就更需自己判斷醫藥資訊是否合理；這類的服務，從線上自我健康撿查、線上問診諮詢、專家電話諮詢到藥品查詢及購買非處方用藥等服務都包含在內。

不只如此，某些藥品通路商為了實現真正的線上諮詢，還提供了琳瑯滿目的服務，像是找專科醫師或是藥劑師來推薦藥品、提供健康資訊及健康百科知識等功能。他們所架設的網站，還提供預約諮詢掛號、疑難重症的藥劑師之電話問診，以及使用藥品後的康復、資料追蹤、健康管理……，幾乎無所不包。在這類平台上，也可以看到整個醫藥健康產業鏈的生態系與角色扮演，包括醫藥業、化妝品業、醫藥物流、保險公司，以及與醫美相關的

產業等，當然也牽動了背後的整個醫療體系和完整的健康產業鏈。

社群經營與行銷科技交叉使用的時代來臨了

行銷的目的，不外乎了解目前銷售狀況、有效運用行銷預算，坦白說也就是讓零售業者能夠「在對的商品上花對的錢」；除此之外，也能給予不同的客群不同的優惠，以增加顧客來店的有效生命週期，進而把每一位顧客都培養成忠實客，也就是我們所謂的「活客」。

近來熱門的 Martech，也就是「行銷科技」，因為是由 Marketing 和 Technology 二個字結合而成的，意思就是行銷、科技合而為一，利用科技達到行銷目的的科技工具，有人甚至說，行銷科技將會是下個世代零售業不可或缺的元素。

早期的個人化行銷，通常會比較重視協助（推銷）消費者，提供他們已經知道並可能喜歡的東西；例如當你在網路上搜尋日本象印牌電子鍋時，AI 演算法當然不只會推銷象印電子鍋，還會想盡辦法推銷所有相關的日式烹飪工具或餐具。這種做法，一般而言消費者並不會感覺到被冒犯——消費者的期待心理，本來就是能方便地找到想要的商品。

但是，從另一個購物心理學的層面來講，客戶有時候更喜歡超越他們熟悉的產品，也就是有著「嘗新」的心態，甚至會期待業者能提供讓他有一點驚喜感的推薦商品。例如，AI 演算法可能會審視消費者的年齡及輪廓側影資料，然後解讀出可能是要買給另一半一份生日禮物或是結婚週年禮物，就會更開放推薦的範

圍，也許是一系列價位相當的新款數位相機，鼓勵他們每天留下珍貴美好的回憶，或是推薦一組德國製的高檔快鍋商品，讓他覺得可以給另一半一個驚喜感。

用簡單的行銷語言來說，所謂的「美好的購物體驗」，就是要想辦法促進客戶的共同參與感和長期的忠誠度；這樣一來，零售業者不僅可以透過線上、線下與消費者互動，還可以不單是對客戶貼標而已，甚至能用 AI 演算法微調每一位客戶的性格檔案。

所謂「客戶性格檔案」，可以解讀為「客戶可被預測之行為」，指的當然是根據資料來解讀個體或族群行為背後的動機。例如，為什麼某款式的衣服淡色系較好賣，而另一款衣服卻偏要深色才受歡迎，以此深入了解顧客的行為，並合理解讀後，尤其有助於未來廣告投放策略的制定。

AI 演算法神助攻行銷科技

前文提到透過與 Line 社群會員的互動，像是問卷、投票、圖文點選等動作，來解析及建構社群會員的輪廓，或是客戶性格檔案，並給予會員不同的標籤，包括：可能性別、喜好休閒類別、運動類別、顏色喜好、住址地區、價格喜好、折扣喜好……等各種標籤，藉此分眾分群，將相對應的商品直接投放廣告給顧客。

用更簡單的話說，就是要用演算法清楚地描繪出消費受眾的樣態；消費者及會員輪廓可以透過業者內部資料而整理分析出來，但在網友最常用的社群 Line 或 FB 上，卻無法這麼清楚地探知社群會員的輪廓，所以常採用無差別的方式推播訊息或廣告，這

一來，不僅廣告成本增加了，還常會使社群會員覺得垃圾訊息太多而封鎖社群推播。

　　解決這個問題的高階演算法方式，其中一種是透過Line問卷活動、會員點擊圖文訊息的回饋，然後從系統後台去對消費者貼標籤，定義該消費者的屬性，也就是「AI演算法標籤」。這些更明確的標籤，例如喜歡的東西類型、嗜好的運動、購買價格區間、新品資訊，或是喜歡情侶款、熱銷排行榜等，眾多關鍵詞組或標籤都可以直接分析出社群會員的輪廓，再由精準的分眾演算法技術接手，讓行銷部門可針對特定消費者喜歡的東西（或是主題）去投放廣告，或推播地區性熱門主題廣告，鼓勵消費者到實體門市憑券消費。

　　也就是說，如果以主打某一個社群工具為基調，就應該以其推播成效為參考基準，例如先在Line上推播某一款式的海灘鞋，要是成效非常好，就可以繼續把這個結論放進另一個社群工具（比如FB廣告）做同樣的推播，實體門市也可進行同樣的廣告投放或商品陳列，以期放大推播效果。

　　但是，過程中一定要避免成效混淆的因素，所以應該以一次一個社群工具為基調。例如若以某一個社群會員做為測試樣本，再以得出的結果搭配依據地域與行為面之地區消費指數，然後透過其他社群發送同樣的廣告，測試社群輪廓是否符合，若有過大差異立刻微調，並將投放廣告後的結果──如點擊率、互動數、總觸及人數、相關程度值等──記錄於後台資料庫。這樣設計完成的推薦模型，就可以說是AI精準行銷的雛型了。接著當然也可以委請行銷廣告公司進場操作，先設定追蹤代號再進行廣告投放

測試；投放的結果，可以參考投放人數、轉換率、停留時間等因素來做成效監控，這樣一來，AI加持之下的數位行銷科技就會無往不利了。

主題 ⊃——————————————————————

精準行銷 —— 為什麼老闆始終覺得我們離顧客有點遠？

　　服務業或一般企業的行銷部門，最關心的就是商情收集，希望藉由分析國內或海外市場的資訊，得出包含**市場概況、消費型態、消費動向、消費者需求分析、輿情分析**等關鍵文字性質的資訊；這方面，如今你可以透過 AI 演算法，交叉整理不同社經地位、地區、國家、或是宗教傾向之消費行為。舉例來說，在收集東南亞**市場消費趨勢**時，就可以聚焦在越南、印尼、新加坡、馬來西亞等國家，針對上述之主題主動找尋及推薦具有商機的目標產品。

　　在針對競品分析與監控的這個議題上，除了可以用 **AI 自動搜尋競品資料**，週期性地以特定目標關鍵字爬蒐及整理數據，並進而整合這些數位化工具，來分析既有會員的消費偏好，以及尋找擴展行銷到新市場的途徑。以下，我們來看一個真實的案例。

鳳梨酥的「數位轉型特攻隊」

　　國內有一家品牌相當知名的鳳梨酥製造商，老闆對「輿情分析」極為重視，再小的事都不放過 —— 比如業務經理常聽家裡的印尼籍看護說，很多同鄉都喜歡吃台灣的鳳梨酥，不過大家也

都覺得，如果是帶有辣味的鳳梨酥，一定會在印尼市場大賣。一想到那是有2.7億人口的國家，也就是市場有台灣的10倍大，聽了這話的老闆半夜都睡不著了，真的去啟動一個數位轉型的專案小組，取名叫「鳳梨酥轉型特攻隊」，不僅詳細分析這個可能具有龐大商機的微辣口味鳳梨酥，也開始關心東南亞國家的消費趨勢，不僅留意這些國家最喜歡的辛辣度，同時還悄悄瀏覽競品公司的評論、在臉書及社群媒體的動向，更關注購物平台上的評論，也在原物料價格波動時，超前部署地整理國外政治因素介入時的市場分析，以便更精確地做出**投入市場前的準備行銷策略及產品開發試驗**。

❖ 零售業「精準行銷」的 Know-How

　　近年來，許多零售業的管理者不但逐漸了解，同時也已巧妙地善用銷售數據來預測消費者的行為與偏好，例如購買 A 產品的客戶也會購買 B 產品，或者促使客戶購買 C 產品的是什麼動機。但是，創造全新的客戶體驗卻不僅僅是以數位科技收集大量的消費者數據而已，還得在更多的情境下都能夠精確**提供個人化的客戶體驗**。

　　在實際的行銷手法上可以看到 AI 的影子，例如 AI 演算法可能會建議不要給某一位客戶太多選擇，並特別提醒他退貨規定，因為從過去的購買記錄來看，這位顧客可能是一位比較神經質的人。至於較為內向的客戶，AI 演算法可能會建議更精簡與其閒聊的時間，必要時送給客戶一張可能會令她大為驚喜的折價券。

　　例如，目前零售業所掌握的 AI 演算法，幾乎可以計算出線上

和線下的**個人化輪廓資料**，從而精確判斷客戶是內、外向或是不是神經質，同時也會自動採取一些與之相關的有效作法，**調整促銷與推薦的內容**，甚至還可以自動將這些銷售知識傳遞給實體店的門市人員，以**改善同一位客戶的購物體驗**。

因此，產業在訂定「策略規劃」時就可以先聚焦在**如何做到精準行銷**，先確定服務或是產品的目標受眾是誰，包括受眾的年齡、性別、地理位置、收入水平、興趣、行為、需求等特徵，當然愈具體愈好；然後再進行深入的市場研究，以**了解目標受眾的需求、偏好和行為**。這時候，就有必要以數位工具建立典型的客戶人物，像是基於市場研究而創建出具體的幾種客戶人物，也就是理想的客戶代表，盡可能羅列詳細的數位化背景資料。

接下來，就可以開始設計、**創建個人化的行銷內容**，以滿足不同客戶的需求了，包括個人化的廣告、電子郵件、社群媒體發文和**具有說服力的行銷內容**。不過，千萬不要忘了設定最佳發文時間點。

其實，除了追求自家創新產品或服務足以吸引人之外，企業還要以能夠滿足市場尚未被滿足的需求為前提，努力思考如何擴大目標市場。在考慮擴大目標市場時，不妨納入不同的地理位置、人口組成或產業垂直領域，好讓企業在更廣泛的受眾中建立存在感。

❖ AI 演算法讓行銷易於添創意 也讓精準行銷更精采

透過上面所說的策略規劃，公司的決策者應該就會清楚明白如何以數位科技創造自家產品的差異化了——不管是新產品的開

發方式，還是提供新的服務模式。到這時，企業和消費者的距離就愈來愈近了，在接下來的形塑產業轉型之「路徑指引」上，便可以依循本身已經布建好的的數位資源，**在對的時間、對的地點徹底打動消費者**。

技術上，除了使用 AI 數據分析方法之外，還可以利用數據分析工具追蹤客戶行為，以了解他們的互動方式並隨之調整行銷策略，幫助服務業優化預定提案的商業活動，例如以年輕的上班族群為主的話，像是小資族 OL 買化妝品省錢祕訣，或是宅男最佳通勤購物術，就會是比較有效的商業活動，緊接著，追蹤範圍也可以包括社群媒體和不同搜尋引擎行銷等方面。

精準廣告方面，線上廣告當然是實現精準行銷的有效工具，可以使用諸如 Google Ads 和 Facebook Ads 來定向特定的受眾，並根據他們的特徵和行為來設計廣告；這樣的 AI 社群媒體定向，具體做法是利用社群媒體定向媒體平台的行為定向功能，以將內容顯示給特定的用戶群體，當然也要根據年齡、性別、地理位置、具體瀏覽行為、可能興趣和有意義消費行為等主題，來設定 AI 演算法所需要精算的因素。

很高興能為您服務──線上客服機器人的逆襲

1950 年時，英國數學家艾倫・圖靈（Alan Turing）提出了電腦科學界很有名的「圖靈實驗」，用來驗證機器是否具有智慧。數十年來，許多工程師不斷設計各種電腦軟體程式，試圖挑戰這個實驗，以便實現機器具有智慧的夢想。然而，一直要到近十年

來 AI 對話機器人的出現，才有了比較實質的突破。

❖ 正港不眠不休的客服人員

最近市面上炒得火熱的生成式 AI 與 ChatGPT，或是個人智慧助理如 Siri、智慧音箱 Alexa 或 Google Home 的流暢對話，都令人印象深刻，不但能聽取使用者的指令回應答案，甚至如查詢火車班次、行事曆等，也使用了對話機器人的技術。但是，雖然被稱為「對話機器人」，但這些 AI 的功能並不只限於聊天，舉凡任何能以自動對話方式提供服務的程式，都可以算是對話機器人。

網路上，已有許多電子商務平台的類似客服應用，是以對話機器人提供服務，讓使用者能更自然地提出需求了；而且，對話機器人一旦理解需求，就能夠快速提供服務以節省彼此的時間。常見的應用如銀行智慧客服，就是由銀行客服中心建立對話機器人，來協助客戶處理一些簡易的銀行業務流程問題，減少客服人力的負擔；或是因應金融科技興起，AI 理財機器人也如雨後春筍般出現在生活中，光是台灣島內，就已經有好幾十家金融機構推出了理財機器人服務。

讓聊天機器人順暢地與真人對話，是人工智慧領域中最困難的一件工作，江湖上號稱，不管你是只有八歲還是已經八十歲了，都可以輕易考倒這種 AI 的對話能力。讀者只要想想小學生的對話用字和成人落差有多大，就可以理解對話機器人現今的人工智慧水平了；也就是說，截至 2023 年底，世界上還沒有大家都能夠滿意的對話機器人。

儘管如此，以對話機器人實現聊天服務、24 小時不眠不休地

隨時與客戶互動，卻仍然是一個很有發展潛力的服務產業；從另一個心理學的角度來看，人類對於人工智慧的微妙心理，也讓對話機器人似乎扮演了一個緩衝的安撫角色。

❖ 善用優化互動客服，提升對話機器人服務品質

傳統的客服資訊不外乎手機簡訊或 email，不僅回覆不夠即時，也因為看不到顧客表情及環境而無法作出適當的判定。在網路普及與社群媒體當道的現在，產業客服利用機器人或視訊，除了可以即時回覆外，更可以根據顧客的表情和環境給予更正確的回應。

想要成功打造任務型的對話機器人，首先當然必須由建立對話機器人的團隊事先定義許多領域知識，例如模板、關鍵字資訊、對話的階段等，設計時自然要花費許多時間；而因為自然語言處理技術與對話之間有很緊密的關係，導致改變某一個部分就會牽動整個系統，因此建置和更動的成本可能會比想像中高得多。

相對於任務型對話機器人來說，閒聊型對話機器人需要事先定義的部分比較少，但是回話的領域通常較廣，要產生順暢合理的回覆是有一定難度的，所以在資料蒐集的部分需要多下工夫，因為如果使用者所說的話無法在回覆集找到恰當的回覆，可能就會產生不符合使用者期待的回覆，容易被看出破綻；要是資料不夠多，使用者也有可能經常會得到相同的回覆。另外，神經網路的語料和訓練方式也會決定生成出來的回覆品質，如果學習得不夠好，就可能會有答非所問、或者產生的句子不符合邏輯語法的問題。

❖ 生成式 AI 演算法實現客服數位轉型的夢想

近年來，AI 深度學習的方法應用在電腦理解人類語意上的突破，已為對話機器人的研究與應用帶來許多新的可能性，例如金融業的理財機器人、企業官網的客服機器人、智慧醫療設計的網路衛教機器人，或是醫院的出院準備衛教機器人等。

在線上服務需求快速竄起的現在，企業甚至可能得 24 小時隨時回應顧客，所以，有些企業已開始建置能處理常問問題（FAQ）的 AI 客服機器人，再加上透過線上互動管道的數位行銷已經愈來愈多元，有些品牌電商或雲端平台服務商都迫切需要提供多元管道的線上客服，包含官網、FB 粉絲團、Line 官方帳號等。

光有客服機器人還不夠，不少服務業更需要人機協同作業，讓機器人自動處理大部分最常問的問題，機器人無法處理的就由真人接手；比較常見的情境是，導入客服機器人後，一般顧客可以透過線上管道直接與客服機器人互動，常見問題應可立即解決，客服機器人同時會累積失敗對話串及用戶偏好資訊，以此學習改善對話成功率，當然了，較複雜問題就交由真人處理。

這一類的 AI 線上服務，在人力成本高的先進國家中已經十分普及，以行銷目的或關鍵字觸發的形式展開，針對企業需求與消費者接觸並進行互動，以此提供 AI 客服機器人服務，而且一邊互動、一邊將蒐集的語料交由客服機器人後台引擎運算與學習。當然，部署完成的系統應提供管理後台，並提供關鍵 Q&A 問答集及最頻繁客服問題分析，甚至歸類，同時能進行知識點維護，以及相關報表資料之管理（圖 27）。

　　生成式 AI 在產業數位轉型上的切入點，可以是企業內部自建大型語言模型，以積極發展產業專用型應用，也可以聚焦在例如企業客服互動系統、公司內部資料庫運用，或是場域的數據出現異常時的自動示警。

　　在 AI 技術上，則是只要能滿足自然語言對話功能、以自然語言即問即答互動即可，至於後端的詞庫管理，則必須具備辨識關鍵詞、同義詞、同音異字、敏感詞、錯別字、甚至行銷詞識別等功能。智慧對話引導方面，系統則要能具備上下文關聯、反問引導、知識推薦、建議問題、甚至近似比對的功能。

❖ 像真人一樣理解客戶的問題內容甚至意圖

　　即使已有大量的資料可用，目前為止，像是 ChatGPT 在回答提問、產生內容時，仍可能出現邏輯或常識方面的錯誤；所以，另一個可以著墨的功能可能是多元答案的呈現，像是能支援答案的圖片、影片、連結、圖文、檔案等，以提供多重回應答案及知識的方式。現今大部分的系統設計，已都具有機器學習機制，亦即透過演算法推薦答案。簡單說起來，就是客服機器人能夠像真人一樣理解客戶的問題內容甚至意圖，給予正確答案或進一步提供相關資訊。

　　對企業自身而言，客服機器人當然只是一種加值服務，協助企業及時回答客戶購買時遇到的問題，以及提供售後服務，像是簡易版的商品指南、銷售資訊查詢，以及針對產品的相關問題；其中可能有很大部分是相近的，可以由提供服務的業主——比如電商平台業者——事先彙整，好讓系統透過客服機器人明確回

答這些常被問到的問題，讓消費者可自助式、即時地取得相關資訊，例如：商品詳細介紹、保固條款、銷售門市、維修據點查詢等，最少讓過去偶有客戶遲遲等不到客服人員協助的問題不再發生。

目前會使用客服機器人的企業目標客群，主要以行銷類、客服類為主；例如擅長推廣行銷的自媒體，就可以透過官網、部落格或粉專經營，與目標用戶溝通其品牌之服務理念和優勢，一方面可以增加市場能見度，另一方面當然就是提升品牌價值。

客服業 精進數位轉型

產業痛點：
缺乏線上智慧型客服，以支持人機協同作業
缺乏即時掌握用戶需求及累積知識之能力
需要能快速導入服務的平台，提供串接線上客服

數位轉型前	AI/DX 技術	數位轉型後

滿意度高客服皆為真人處理

能即時服務的客戶人數有限

大多為重複且花時間的問題

深度理解客戶的問題，
並提供回答以完成任務

實現AI自然語言理解及連續對話
透過精進研發之AI深度理解對話技術，提供客戶回答及任務需求

無縫轉接真人機制
機器人負責處理重複率高且有明確答案的問題，其餘則轉接真人處理

大幅提升客服回應速度及品質
客服效率提升，總客服量及總服務人次皆提升

圖27：客服業之數位轉型

　　客服機器人當然也可以配合數位行銷工具來推廣促銷活動，或是主動推播有利行銷之資訊。如果是特定客服類，還可以更積極蒐集領域內之語料（例如旅遊用語），整合進語意分析之中，也可以根據實際客服對話內容進一步擴增連續對話情境，確保頻繁客服問題能有更高的成功對話率，當然還可以搭配即時滿意度調查，使消費者得到更好的服務體驗。

我推、我推、我推推推的聰明推薦系統

　　零售業數位轉型的最後決勝點，就是精準行銷。

　　眾所周知，零售業者的利潤不一定很高，所以廣告行銷只是一種選項，例如何時進行限時搶購、抽獎等活動，但是操作手法各有巧妙。對於特定商品來說，透過提高社群粉絲數來增加品牌的受眾群及黏著度，同時運用行銷數據分析及關鍵字來帶風向，進而主動開發潛在客戶及提高特定商品訂單轉換率，也是一種業者應該考慮採用的手法。

　　舉例來說，自有品牌的企業可以透過粉絲團，每月進行幾場直播或經營網路銷售之線上招商會，搭配AI技術在後台執行，使內容或直播瞬間提高觸及率，以形塑品牌形象，開拓潛在客戶。另一個精準行銷的做法，則是透過自動化的推播模組，在固定時間點觸發行銷推播、個人化優惠訊息推播、或者是商品推播等活動。

　　一般零售業者在初次導入數位轉型專案時，常見的組織編制，是包含一位專案經理及一名負責管控成效的數位營運主管

CDO，通常這就足夠了；當然了，如果能夠加聘有經驗的數位轉型架構師（或數位轉型顧問），那就更理想了。

　　另一方面，透過觀察競業資訊以預先規劃行銷內容與直播，也是一個有效的做法，例如每月運用直播加乘宣傳效益，促使直播在線數衝到某一個最高值，就會讓決策者可以藉由曝光的反應來觀察拓展營銷機會。

　　轉型的第一步，應該是運用業界過去熟悉的大數據分析技術來制定行銷策略，進而導入社群活動，設計帶動、提高社群粉絲觸及比率的活動，以增加品牌的受眾群及黏著度。當然也可以利用線上B2C銷售平台的資料庫，透過特定關鍵字來搜尋主要網站或平台的文章，主動推廣產品；與此同時，也經由成熟的數據分析技術來提高B2B潛在代理經銷的觸及率，最終透過提高社群粉絲數來增加品牌的受眾群，這也是一個從保守做法當作起手式、進而「摸著石頭過河」，逐步開展出來的數位行銷方式。

❖ 多樣化的AI推薦系統是成敗關鍵

　　其他的數位行銷手法，像是利用每月執行固定次數之社群貼文按讚、留言、分享，透過品牌與消費者的回饋，蒐集產品優化方向依據，也可以利用FB或IG演算機制，依照單位時間、人數、互動次數等參數制定基準，使用AI技術來提高觸及率，且好好規劃每次、每篇貼文，做到至少都能帶來數百個讚、數百則留言或數百次分享，最終成功提高直播流量。

　　加上AI推薦系統，能夠為零售業者帶來不可忽視的價值，除了可以提升使用者端的使用體驗，從零售業端的角度出發，更可

以利用推薦服務來吸引更多相似興趣的使用者；甚至可以利用推薦系統來協助銷售，以電子商務平台為例，就可以利用推薦系統找出相同興趣的使用者，以此增加不同商品的交叉曝光度。

另外，疫情嚴重時期消費者大幅減少外出購物的頻率，導致了線下銷售額直線下降，為了提高線上銷售額，許多零售業者都利用 AI 技術進行數位轉型，提高直播效益及社群媒體的黏著度，在實體專櫃營收衰退的同時，藉此穩住公司整體成長動能，也進一步透過線上傳播來提高品牌知名度。

另一個新冠疫情重要的影響則是，許多人因此發現，只要有網路連線，地理位置的影響已變得沒那麼重要，許多消費者因此搬離市中心，住進人口較不稠密的郊區，這一來，過去較有地域性的行銷方式也不能不跟著修正；有些零售業者於是聚焦於提升在線人數、自流量，不但以此拉高品牌知名度，還同時有效降低品牌行銷及宣傳成本。也就是說，以降低廣告費用及提高粉絲群之活絡程度的手法達成了精準行銷。

這些做法，應該都能為傳統的零售業內部注入數位能量，提升資深員工的資訊技術能力，並能善用數位工具，透過資料分析而更清楚顧客輪廓，達到「上架的貨品必定是顧客需要的貨品」的目標。如此一來，不但可以做到「貨暢其流」，實際產生的效益更可能大幅提升新零售業者投入數位轉型的意願。

❖ AI 推薦技術是精準廣告投放的靠山

人類的「喜好」與「習性」，始終是相當複雜的社會學問題，例如在電商平台上，同一個品項就可能有五花八門的商品，時常

讓人面臨「選擇障礙」的狀況。

　　單就購買手機而言，背後的性別偏好、顏色喜好、消費喜好、款式喜好等議題都是很大的學問。另一個有趣的類似例子是眼鏡，國內眼鏡行的店數在這些年來不斷減少，從十年前全台至少約6000家，目前已降至僅有約4000家，因為主要消費族群中的消費者，特別是年輕人，已經習慣戴隱形眼鏡，在日拋隱形眼鏡日漸取代傳統眼鏡的大環境下，整體眼鏡行的利潤下降，導致沒有加入連鎖經營的獨立店難以生存。

　　然而，手機也好，眼鏡也罷，只要零售業者能清楚洞悉消費者習性改變的趨向，就很可能繼續保持領導地位。在全球市場變化快速、競爭劇烈、顧客期望不斷提高的時代，如今的龍頭企業，已經很難長期保持領先地位，加上像是年輕世代目前已經不太會主動走進實體店家，網路商城當然就是最重要的人與物之間的第一個接觸點。更別說現今的消費者大多喜新厭舊，市場僧多粥少、競爭激烈、變化劇烈，以及網路零售迅速占有市場，都對零售業的營收造成極大壓力。

　　舉例來說，過去許多占有絕對優勢的領導品牌，如今早已不再受人青睞，諾基亞（Nokia）、百視達（Blockbuster）與玩具反斗城（Toys R Us）都是典型的、被消費者無情下架的例子；反過來說，在這些大型零售業凋零的同時，卻也誕生了一些專攻狹窄產品類別的利基型公司，可以說是數位轉型的典型代表，他們通常開發「自有品牌」系列，以許多專有產品加上高度風格化的方式搭配組合產品，不僅更貼近消費者的習性，同時藉由精準的廣告投放，不斷提升顧客心目中的品牌價值。

　　所有的零售業店長都明白，想要增加顧客黏著度就必須提升店員專業素質，同時因應市調結果而調整販售品項，但實務面是數據量龐大，人工整理分析需要耗費大量人力和時間成本，所以勢必依賴數位化系統演算，以便分析顧客偏好。

　　一家公司之所以能居於領導地位，往往是利用數據超越競爭對手的成果。是的，數位優勢就是關鍵，因為數據掌握了人們如何工作、娛樂、學習、社交、旅遊，以及進行其他與商業相關的任何活動。一旦你能妥善使用數據，提供個人化的顧客推薦、更新產品、甚至優化廣告……，廣義說來，也就實現了所謂的「流量變現」的理想了。

❖ AI 推薦系統能清楚掌握消費者的選擇

　　傳統上，一般人所理解的「推薦」，不外是基於某家公司銷售歷史資料，將商品推薦給潛在消費者。透過將商品設計成「不同的標籤」，如顏色、風格、機能、材質、類別、尺寸等，搭配銷售資料交叉分析出熱銷品的特點，用來做為商品之推薦品項。例如，熱銷商品應該放在網站上的商品第一排，或是熱銷推薦欄位；如果是實體店面，熱銷商品放在結帳加購處最能增加購買率。

　　另一個根據推薦所做出的重要決策，則是更巧妙地運用 AI 演算法。當程式自動建議某些推薦方式時，零售業者當然也就會透過廣告的手段、用推薦的方式行銷給顧客。一般的 AI 演算法設計，是透過前述的商品標籤與會員標籤來計算合宜度，再輔以氣候、消費力及附近人口之平均收入級別等進行交叉分析，即可精確建構出最佳商品選擇及行銷廣告決策，也就是理想上可達到的

最佳效果——亦即第一優先將對的商品推薦給對的顧客，進而提高成交率、商品周轉率，來降低「銷售」的行銷成本。

　　一般而言，目前絕大部分零售業者後端的 IT 部門或資訊服務公司，都已經擁有非常大量的消費者資料及其購買行為資訊，但那只能說是「初級」的資料，所以必須將這些資料轉換成另一種形式，以便於了解消費者與商品之間的交互關係。

　　詳細的做法，是透過這些資訊來計算代表每個消費者的推薦值，例如每個消費者記錄中的商品選擇偏好，包含已購買、點擊過但尚未購買、加入購物車但沒有結帳等。除了記錄這一位使用者點擊的行為，還要透過自動上標籤系統進行主要品項及種類之分類，一方面計算該消費者整體出現的機率與對應類別之比例，以做為訓練模型的基點，一方面進行類似行為之分析與動作預測。

　　另一種作法則是透過各種分類標籤的機率值，建立該使用者之行為模型，以預測使用者行為與實際購物行為之間的關聯，最終建立整體之加權關係樹狀結構圖，做為再行銷與推播訊息傳遞的決策之用。

一個從大門市走向數位轉型的成功案例

　　國內首屈一指的美妝與保健商品業者，正是零售業數位轉型的極佳案例。該企業過去是實體門市的大戶，網路大潮來臨時，當然也想成為線上優質電商平台；從這個觀點出發，業者期待在數百家實體零售門市的加持下，能夠一舉整合線上與線下雙重通路，提供客戶全方位美妝保健購物服務。

　　於是，自2021年起，這家業者巧妙地整合AI個人化推薦軟體，加上透過IG的特性推播產品個人化的推薦故事，例如日用品、睫毛膏或保養品的私密對話，再配合女性消費者的瀏覽與購物行為，歸納出可能的喜好度，進一步配合手機購物App，更加強化互動性，最終有效提升的成交轉換率，據說超過10%。

　　接下來，該業者進一步整合線上與線下消費行為的顧客資料平台（CDP），先以AI演算法澈底梳理清楚數百萬一般會員與App活躍用戶之資料，再提供客戶最佳化的商品推薦，一步步導引客戶從線下行為——例如在門市買兩包衛生紙——轉換至線上消費，或是導引喜歡在網路上逛街的線上客戶，透過領取折價券或現場抽獎的活動，前往門市消費，甚至透過AI模型來預測節慶的檔期行銷，都是相當成功的AI演算法應用。這一些ＡＩ技術，不只可以提升客戶的轉換率及回購率，甚至可以透過演算法計算比如八點檔電視劇的廣告投資報酬率，都能使命必達地完成任務。

老闆，AI演算法把顧客寵壞了

　　精準的AI推薦系統是零售業行銷的關鍵工具，也就是我們常說的「千人千面」的意思，能夠透過「流量」加上「數據」來達成，自然就可以實現精準的廣告模式，當然也就達到分眾行銷的目的了。

　　推薦系統的終極目標，當然是設計一套可以針對不同商家之客製化產品的推薦程式，期待能適用於每一位消費者，當預測結果與實際購物行為有落差時，ＡＩ演算法可以從這些明顯異常的記

錄資料中學習有用的資訊，進而提高推薦系統的準確率，這就是精準的 A I 推薦系統。

❖ 複合式資料 vs. 推薦系統

　　另外值得一提的，是將不同資料庫間之資料混搭技術以做到加值之應用，例如 A 公司所擁有的電子商務相關資料包含顧客資料、銷售資料、廣告投放資料、社群與網站資料，B 公司擁有的資料則包含地區人口社經指數、信用卡消費樣態、超商消費樣態等關鍵購買力資料；這些都可以整合進 C 公司產品──包含男鞋、女裝、皮包、配件和保養產品──的資料之中，再把主要欄位如產品名稱、類別、尺寸、顏色和材質等基本資料結合進外部行銷資料，可能包含當季鞋子、服飾的搜尋熱度、流行趨勢之整合應用等決策中，進一步做到提供即時且動態的個人化預測應用服務。當然了，一切都必須以來自大量使用者過去的歷史資料為基礎。

　　在推薦模型整合分析出消費者較喜愛的各種設計元素、顏色及搭配歷史氣候溫度之後，就能調整商品上架日期，讓公司的設計師透過這些資訊，設計出讓大部分消費者都能接受的商品，不同季節變換喜好的顏色、款式及風格，讓消費者選購時縮短猶豫期，增加商品周轉速度。在一般媒體報導的「快時尚」概念中，服飾的銷售本就有明顯的季節性，商品必須春夏秋冬分門別類，不斷推陳出新，才能吸引消費者的青睞。對服飾業者來說，產品生命週期變短，商品的上下架速度就要變快，所以不管是銷售分析還是庫存管理，提升商品流通的速度及效率才是時尚業經營的

重點。

　　個人化推薦模型可以緊貼時尚潮流，輕易歸納出顧客喜愛的風格與類型，甚至提供更值得設計師參考的設計方向；透過推薦模型，除了可以歸納、分析出較受歡迎的商品，當然也能配合分群分眾行銷，讓消費者有興趣點擊廣告，增加觸及人數。可以說，未來零售業數位轉型後的終極目標，就是透過精準分析顧客整體購物流程，進而提供更個人化之專屬行銷及購物頁面，提升顧客的美好消費體驗（圖28）。

　　以下，我就舉一個實際的服裝時尚產業之案例，來說明數位轉型的成效。

❖ 服裝時尚業善用AI也能放大數位行銷漏斗的效益

　　台灣中部地區有一家頂尖的服裝時尚品牌公司，過往一直生產以消費者為導向的時尚商品設計服飾、配件、鞋款，近年來，也率先踏進了快時尚的數位轉型過程中。

　　一般而言，服飾或配件等通常存在普遍性的多種產品屬性，例如類型、尺碼、系列、顏色、風格、定價點、品牌等，不容易做到一次性直接以演算法貼標籤，也不容易直覺式地產生設計構想，必須經預先設計好不同的標記再與外部環境其他資料交叉配對，才有可能形成新商品開發建議。

　　然而，透過以消費者角度為導向的商品設計，至少第一步可以做到控制進貨量，當然也可減少相對存貨量，並有機會在全國不同直營門市，或是因應地方性的氣溫差異，適當分配各類產品數量，也就是所謂的「在最合適的地點，提供最合適的商品給最

合適的消費者」，必然有利於加快商品的周轉速度。

　　服裝時尚零售業的精準行銷策略，最重要的就是市場的區分與定位。堪稱不敗的鐵則，就是利用演算法技術；因為惟有準確區分市場，才能保證有效的產品與精準的品牌定位。所以，這家聰明的服裝時尚業者數位轉型的第一步，就是掌握大量的資料，包含顧客基本資料、完整產品資料與過去銷售資料，所以能夠進行時尚產品 AI 分析並建立相應型態資料庫，以準確進行市場定位之分析。

　　其他的具體行銷做法，是針對不同消費族群使用不同的資訊傳播工具，先分析具代表性的消費者之不同特徵，如年齡、職業、收入水平或社經地位、是否有明顯地區性等，接下來建立不同傳播溝通體系以提高預警效率。對於服裝時尚產業來說，最常用的傳播溝通方法就是 DM、eDM、簡訊、社群軟體廣告、電視廣告、網路推廣等。

　　AI 精準行銷策略的最後一站，當然就是對客戶提供的售後保證與加值服務了。以這家服裝時尚業者為例，便針對消費者實施免費會員制度，提供點數累積與折扣等誘因，再動用 AI 演算法機制，根據消費者的購買與瀏覽記錄等資訊，針對性地提供專屬回饋與優惠等服務，當然也包含前文介紹的 AI 個人化推薦；如此多管齊下，不僅可以提升消費者再次購買商品的意願，同時也為公司留住忠實顧客，進一步創造更多可能的經濟效益。

零售業未來可發展之商業模式

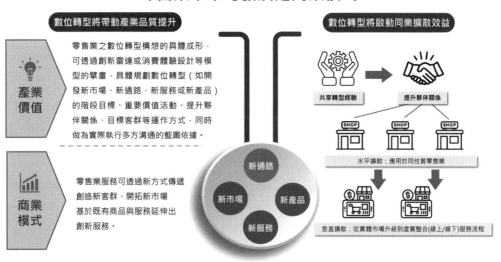

數位轉型將帶動產業品質提升

產業價值

零售業之數位轉型構想的具體成形，可透過創新雷達或消費體驗設計等模型的擘畫，具體規劃數位轉型（如開發新市場、新通路、新服務或新產品）的階段目標、重要價值活動、提升夥伴關係、目標客群等運作方式，同時做為實際執行多方溝通的藍圖依據。

商業模式

零售業服務可透過新方式傳遞創造新客群、開拓新市場基於既有商品與服務延伸出創新服務。

新通路
新市場
新產品
新服務

數位轉型將啟動同業擴散效益

共享轉型經驗 → 提升夥伴關係

SHOP SHOP SHOP

水平擴散：應用於同性質零售業

垂直擴散：從實體市場升級到虛實整合(線上/線下)服務流程

圖28：零售業之可能發展商業模式

主題8
讓 AI 幫你在環境保護法規下達成企業永續經營

為下一代、下下一代負責任的故事

1980年代，牛津大學的一群教授發現，有著350年歷史的大禮堂出現了嚴重的安全問題。

經過檢查，這個大禮堂的20根橫梁已經風化腐朽，需要立刻更換。每一根橫梁都是由巨大的橡木製成的，而為了保持大禮堂350年來的歷史風貌，必須也只能用橡木更換。在1985年那個年代，要找到20棵巨大的橡樹已經很不容易了，即使找得到，每一根橡木的價格估計至少700萬台幣，這麼龐大的經費，當下令牛津大學一籌莫展。

❖ 你想不到，他早就想到了

想不到，校園園藝所的職員就在此時向學校報告，原來，350年前大禮堂的建築師早已考慮到後人會面臨的困境，當年就請園藝工人在學校的土地上種植了一大批橡樹；如今，每一棵橡樹的尺寸都已遠遠超過了橫梁的需要。

真令人難以置信！一名建築師竟然在350年前就有這樣的用心和遠見！

　　有人說，那位建築師的墓園可能早已荒蕪，但還履行著他的職責；不論是他還是我們，這一代人都應該為下一代、下下一代人種樹，而那就叫「永續的責任」。

　　我們每天生活在這個地球上，所使用的資源其實很少是上一代留給我們的，絕大多數都應該說是「向後代借來」的；有借就必須有還，但很多資源——比如石油和各種金屬礦物——我們可能永遠無法償還，所以說「借來」還算客氣，認真說，其實我們是向自己的後代「偷來」的。

❖ 先有策略規劃，才有永續發展

　　在當今追求永續發展的時代，**科技和數位轉型**有機會成為**實現永續環境、循環經濟和永續經營**的關鍵策略。成功與否，重點在於能不能把數位工具應用在推動創新、提高效率上，從而使**經濟體系轉往更可持續的方向**。

　　以城市生活來說，訂定「策略規劃」時，就應該先聚焦在透過數位工具中的物聯網、人工智慧和大數據等技術，以實現將來更友善的智慧城市、智慧能源管理和智慧交通等解決方案；用對數位工具，我們就可以監測和優化能源使用、減少廢棄物產生，並提供更綠色和可持續的城市生活環境。

　　就個別產業來說，有了完整的策略規劃，公司的決策者才會更清楚該公司的永續經營方向；在形塑產業轉型之「路徑指引」上，可以依自身內部與外部的數位資源，**以「企業社會責任」的視角出發**，在所有的產品及服務的開發過程中置入循環經濟的觀念，也讓消費者在獲得最好服務的同時，**對於環境保護有更深刻**

的參與感。

❖ 數位科技提升環境永續的效益

此外，科技和數位轉型勢必有助於**建立循環經濟**，因為這種經濟模式鼓勵資源的有效回收和再利用，以**減少對有限資源的依賴**。透過數位化和物聯網技術，我們可以啟動資源追蹤系統，從而**實現資源的循環利用和廢棄物的減量**。

另外，在全球追求淨零碳排和推動ESG責任的浪潮下，企業也不能不運用數位科技來實現永續經營——包括思考資源使用的方式、減少碳排放、推動綠色轉型等方面的努力。除此之外，數位轉型還可以推動企業實現**以數位工具提高生產效率、節約能源**，同時**降低對環境的影響**。例如，數位化製造和自動化流程可以減少能源消耗和廢棄物，同時提高生產品質和效率。而且，科技還可以幫助企業**識別和應對與氣候變化和環境影響相關的風險**。

總而言之，在利用科技和數位轉型來實現永續環境時，需要的是所有產業的共同合作、整合資源和專業知識以提出解決方案，才能共同建立一個更綠色、更可持續的世界。

猜猜看，LV包的扣件是哪裡生產的？

每個人都喜歡看到閃閃發亮的東西，因為除了容易吸引目光，它還給人一種潔淨感。

從我們每天用餐時都可以看到的潔淨餐具刀叉到腳踏車零組件，以及航太、醫材等高科技材料，都可以看到這一些blingbling

的東西，當然也包括女性最喜愛、代表時尚感的 LV 包的扣件及標牌。然而，那些閃閃發亮且造型獨特的標牌與扣具，通常在製作過程中都必須經過精細的拋光，甚至電鍍昂貴的純金或鉑金，利用貴金屬外觀質感大大提升產品的層次，其實已是高檔品牌的設計日常。

只不過，這類需要精細表面處理技術才得以實現的物品，通常卻是由典型的「3K 產業」（日語中「辛苦、骯髒、危險」的工作）所製造出來的，一般而言，工作環境都很惡劣；所幸，多數台灣廠商如今都已大幅改善工作環境，而且這些高檔品牌公司大多位於歐洲，都非常注重環保意識，台灣的代工廠的產品製造技術也必須符合要求。

然而，因為是典型的傳統產業，長久以來缺乏先進的自動化設備，許多加工技術仍然使用傳統經驗值判斷之方法，導致無法精算而使電鍍工廠造成化學用藥浪費；同時近年環保法規日趨嚴格，消費者保護意識抬頭，以致社會普遍對企業 ESG 標準之要求升高，日趨嚴格的環保法規對於污染防治、環保廢水的嚴格要求，已成為業者面臨的極大挑戰（圖 29）。

就連水資源的運用，也已受法規限制，因應之道，常見的是採用環保水循環以減（節）水，讓整廠水資源能更有效地運用；除了間接提升整廠產值，還有機會提升企業綠色生產形象，一舉數得。

❖ 友善生產管理轉型以改善營運效率

以技術實現節能減碳的故事不少，例如產業發展模式的永續

與低碳轉型、或是綠色物流與運輸，甚至連「負碳排」技術都有實現的空間——「負碳排的椅子」和「負碳排的啤酒」都已問世。所謂負碳排技術，是比如把二氧化碳儲存在生命週期長的產品身上，像是廢棄木材不以燃燒處理，而是製成家具、建材或地板，這些木材就會繼續貯存它先前儲存的二氧化碳；使用再生大麥和回收啤酒花來釀製啤酒的話，釀製啤酒時從大氣中消除的溫室氣體就會大於製造中產生的溫室氣體。

❖ 有了 AI，友善環境更簡單

　　製造業裡，以 A I 技術實現節能與減碳也有數不清的案例。像是透過 AI 軟體監測加上最佳化演算法，進行自動操作參數建議，以實現中央空調之最佳冰水機節電操作；製造業中的石化、鋼鐵、金屬加工產業，則將重要設備的詳細運轉數據，透過 AI 軟體提供之異常偵測演算法，進行設備劣化之早期預警。這一些，都已經有不少成功的案例。

　　此外，像是藉由機器學習演算法中的 AI 預測模型與數學迴歸模組，不論是在綠色產業中的預測製程水洗回收系統之純水產量及濃水產量、或是監測及警示設備即時狀況，都可大量節省資深工程人員的時間成本，或是錯誤發生時進行重工之操作維護的人力成本。

　　由於表面處理工廠一般皆使用連續性的製程以降低成本，所以大多的數據都具有時序關係，因此需要導入特徵工程，集中儲存特徵變數與時序資料。一般來說，建立 AI 模型前資料集會先切割成訓練集與測試集；訓練集的作用，是教導模型透過調整分

類器的參數以訓練分類模型。透過訓練集挑選出最優模型後，再使用測試集進行模型預測，用來評估該最優模型之性能或分類能力。這時，通過評估的AI模型就可以上線進行真實資料的實測了。

　　傳產業的這個第一波數位轉型之創新，其實是有其利基的。光是想像開發一台半自動或全自動進行表面處理工件瑕疵監控的設備，相信就對國內約1300家的表面處理業者很有吸引力，所以，這些表面處理業者自然成為將來潛在的購買客戶。

　　其他以AI智慧應用在表面處理工廠可能提升之相關技術，包括如機台使用儀表板監測技術、水回收技術、自動化品檢、整廠

圖29：表面處理業之水資源使用需符合日趨嚴格的環保法規

用水平衡概念、數據分析管理及場域驗證技術等；綜合以上各項技術之整合，相信未來能強化國內表面處理業者的專業能力，並提升產業的技術層次與進入國際市場的競爭力。

高雄氣爆可以預防嗎？

近年來國內外接連發生數起重大的火災，發生於2014年之高雄氣爆管線相關工安意外就是其中之一，一夕之間造成32人死亡、超過300人受傷，如此嚴重的人員及財產損失，部分肇因於管線設置歷時已久；可想而知，未來的風險恐日漸提升，隨時會引起社會的不安。

此外，源於供應國內產業及民生之能源需要，燃氣與油料之管線鋪設範圍遍布各地，輸送物質全都屬於可燃、易燃性質，肇致環境污染之可能性也很高，若一旦發生油氣洩漏事故，易致火災、爆炸或環境污染，將是可怕的災難。

不只台灣，全球每年因為工安意外而付出慘痛代價也不勝枚舉，其中，金屬材料焊接不良或腐蝕正是引發這類工安事件的主因。尤其台灣處於海島型高溫、高濕氣候環境，大多數已發生之工安問題更都與石化金屬管線之焊接不良或腐蝕息息相關，可是，石化廠的設備及管線偏偏大都位於腐蝕環境極高之沿海地區，且石化設備操作常處於高溫、高壓或高腐蝕環境，設備管線本就會逐漸因腐蝕、劣化而破損，一旦油氣洩漏，當然就會導致重大意外事故。

❖ 非破壞性檢測可望成為防範管線工安意外的解方

　　當世界各國對於地下管線的安全管理愈趨重視時，我們的政府機關相關單位更應積極規範金屬管線之生產檢測與運作之監測，間接可帶動「非破壞性檢測技術」之擴散。規範之範圍，應該包括如石化廠、發電廠、焚化爐等壓力容器之銲道檢測，以及非破壞性瑕疵檢測等專業工作。此外，製造業利用非破壞性方法檢測產品品質或偵查設備之腐蝕物件，未來還可帶動國內非破壞性檢測技術之整體能量，預期可創造出每年至少數十億元的自動化非破壞性檢測的市場價值，及有效帶動例如高階風電設備製造產業市場生態系之經濟效益，也為我國自行製造的可再生能源設備加分。

　　以往的非破壞性檢測工作，一直是一種勞力密集且專業技術性高的產業，重度仰賴有經驗的非破壞檢測專家，但檢測專家技術門檻高，至少需具備專業證照（國際法規規範 ASNT），專業人才培訓不易不說，傳統人眼判讀瑕疵之底片更存在標準誤差，導致專業人員易失誤且壓力大，故此產業之育才與留才一直是一項困擾。

　　此外，除了管線巡檢仰賴有經驗之專家，檢測結果的判定實務上仍需技師專業判定，一旦老師傅退休，就會導致生產管控上及廠房巡檢面臨技術斷層的難題。所幸數位化的空拍機隊巡檢（參主題2）已逐步接手這件棘手的工作。然而與此同時，近年台商回流設廠之投資動能強烈，帶動廠房建材用鋼材需求逐步增強，加上國內綠能風電用鋼管需求於接下來5年還將大量釋出，以及新冠疫情之後，東南亞開發中國家基礎建設計畫將帶動建築

及能源相關之大型機械設備需求，這些市場規模近期皆開始有大幅度的需求與訂單，非破壞性檢測技術的轉型已迫在眉睫。

❖ 非破壞檢測業之流程數位轉型

如何維持金屬鋼管品質恆定，有效確保大型金屬結構建築品質與油管耐用年限，以避免重大公共災害發生，一直是重型金屬製造業的首要任務。過去金屬銲道瑕疵檢測的判讀皆為人工目視判讀，耗用人力，且需要具有證照、豐富經驗、細心又有耐力的人員才能勝任；為了避免判讀盲點、疲勞造成誤判，往往需要多組人員交叉判讀，勢必導致時間、人力成本增高。在現今的生產設備已高度自動化的生產條件下，毫無疑問，人工目視判讀已成為自動化生產的瓶頸所在。

各項工業製造領域中之銲道、管件、材料及機件，瑕疵偵測、瑕疵大小之量測、腐蝕及厚度之量測，皆屬於非破壞性檢測之專業範圍。而為提供各項工程品質穩定之產品，產品就必須經非破壞檢測品管合格，並依產品國際標準製造規範檢驗合格，才能提升未來工程品質之穩定性。

❖ NDT 檢測可發展成一個產業

所謂「非破壞性檢測」（Non-destructive Test, NDT），其實是國內外行之有年的一種工業檢測，其中又以數位化輻射照相檢測（RT）及超音波檢測（UT）最為普遍。

RT 檢測設備之特點，是以數位影像之成像原理，直接透過數位掃描成像，免除洗片的作業程序，大大縮短成像時間，增加檢

測工作效率。例如檢測鋼管之金屬銲道瑕疵NDT時，會先進行鋼管數位化底片取像，資料收集取像後，再送至後端檢測伺服器主機進行影像處理與AI判讀（圖30）。

　　傳統非破壞性安全檢測大多為RT之射線取像，底片輸出保存，由有執照之專業技師透過判片燈進行判片檢測；因此，底片數位化可以協助廠商達到底片之管理與保存，同時可以即時發現設備瑕疵，並可追溯有缺陷之批次產品，進而控管生產品質。未來可帶動金屬鋼管、石化或鋼鐵之鑄件產業，透過AI瑕疵檢測裝置之智慧輔助，以強化生產製程的NDT檢測可靠度及準確度。

　　在數位化的過程裡，檢測設備會進行產線上之良品或不良品的收集與拍攝，以取得數位化瑕疵影像資料，並盡可能收集完整之樣本；不過，底片瑕疵標註還是要由有經驗的技師來完成。為避免判讀經驗值差異，合理的安排要有至少2位以上的技師協助影像標記與修正。透過簡易影像標註工具，技師可框選、標示影像瑕疵，以及標註最後的瑕疵類別——例如製造過程的融合不良、滲透不良、裂痕等瑕疵，對這些已標註之影像進行AI模型之瑕疵判讀訓練，不僅將來可以正確判別焊接瑕疵類別，同時還能計算瑕疵尺寸及大小。

❖ AOI檢測的應用場域廣泛，連護國神山都在用

　　在AOI（Automated Optical Inspection, 工業級自動光學檢測）應用上，瑕疵檢測大多以機器學習中的物件檢測演算法代替技師的眼睛與大腦，配上有視覺感測之設備，檢測出產品的缺陷，迅速判斷並挑選出合格之產品。

傳統 AOI 瑕疵檢測，容易因瑕疵類別及標註固定而無法提升檢出率。反之，以深度學習為基礎之 AOI 方式則可以藉由循環訓練漏檢資料，逐步提升檢出率，累積一段期間的循環訓練後，便可能超越傳統 AOI 的檢出效果。未來若發現有再次漏檢，回饋訓練至深度學習 AOI 系統即可修正，或是由專業判讀技師將檢測錯誤的結果進行人工調整修正，回饋至 AI 模型繼續學習。因此近年來，包含半導體製造業、其他全自動化生產線之業者，皆已逐步導入 AOI 瑕疵檢測方法來實現不停機及減少人力之高效能品管措施。

展望未來，以半監督式學習法可大幅減少標記量，甚至降低錯誤標記的訓練干擾，自動化之數位 RT 檢測設備將以影像數位化掃描技術更快速、完整蒐集影像資料，再針對數位化影像進行瑕疵類型識別，並由 AI 邏輯判斷、分類瑕疵，協助線上判讀技師能夠快速判斷有無瑕疵及瑕疵類別。將 AI 技術與機器學習演算法實際應用在製造業之生產線上，已是非破壞性檢測產業數位轉型之典範應用。

此外，近年當政府推行國艦國造及離岸風力政策的同時，勢必有不少遊艇與造船廠因而受惠，若能利用先進之超音波檢測技術（如三維相位陣列超音波），未來將可促成藉由自動檢測技術之生態系形成，提供更多元製造產業更佳檢測技術服務；例如發電廠核心設備、風力發電機組、高壓鍋爐、遊艇船體、高階玻纖複材成品等，製造時就可利用陣列裝置，使得檢測人員能以多重視角分析設備，找出船體內部潛在瑕疵，對銲道裂紋、結構空洞、層離與可能爐管流體加速腐蝕等現象建立有效的預知初期狀

態之模型。此外，相位陣列超音波之裂紋成像等技術，亦可提早得知管線目前健康程度與潛在問題的所在位置，使預期瑕疵導致將來破裂的機率降到最低。

　　這些智慧化科技，如底片數位化品質判讀技術、AI技術模型訓練、瑕疵類別區分定義、金屬鋼管數據庫建立，及最終實地場域驗證技術之規範制定等，未來勢必都會商業化，以提升相關檢測之精確度與開發應用。綜合以上各項技術之研發，相信未來能提升生產製程的檢測技術，穩定生產品質，不僅可以製造穩定品質的金屬及石化管路，還會擴散到其他金屬機械之相關製造產業，共同強化金屬機械產業進入國際市場的競爭力。

圖30：NDT所使用的X光照片

垃圾也可以變黃金的資源回收

　　人類消耗的自然資源，其實早已超出地球的供應量，而「循環經濟」正是一個資源可回收、可再生使用的經濟與產業系統，願景在於藉由重新設計材料、製程，以及回收或避免廢棄物的產生，讓地球資源能夠循環再生、不斷被利用，達到價值之最大化。

　　近年發展蓬勃的資源再生業，便是環保生態圈中之最基本款產業，從事的就是工業廢棄物中之廢水、廢液、廢塑膠的再生和再利用。由於傳統資源再生的生產方式高度依賴人力與操作經驗，鑑於專業人員養成不易，當遇到人員異動，為了製程與產能穩定，就需付出相當程度的人員教育訓練成本。

❖ 固體廢棄物的回收

　　固體的循環再生產業中，以塑膠廢棄物的再生最常見。

　　再生塑膠粒加工是一種典型的資源再生產業，也是環保塑膠材料之大宗，目前國內的再生塑膠粒均以生產線之方式大量生產，由於市場行情隨時間波動，為了控制產量以維持最佳獲利，生產線上之生管因此非常重要；然而生產過程中有許多製程參數（如進料量、製程溫度、濾網目數等）交互影響最終的產能表現，過去經營者都只能等著看實際生產的結果，而無法提早得知（預測）產量，經常成品清點後才發現虧損，無法符合生產效益的要求。

❖ 液體廢液的回收

　　至於液體的循環再生，典型的稀有資源再回收產業就屬廢酸液再利用。所謂廢酸液再利用，是透過化學反應以還原特定成分或金屬；雖然化學反應方程式相對單純，但在實際反應槽中，反應過程仍存在相當多的不確定性，在在影響反應的時間與產品的品質，包括投入反應的原物料成分比例、投入量、反應過程中之溫度變化、以及設備運作負荷量等因素，都可能影響反應槽之反應時間，也就直接影響了產品的生產效率與設備稼動率，當然也影響產業之獲利。

　　為了達到「擴展回收材料成高值化產品」的目標，資源再生產業也在努力尋求數位轉型的機會；但是，由於目前業界尚未開發出搭配製程最佳化模組與機械聯網模組的回收再生機械設備，所以只能以小型生產線做為試煉場域，嘗試將控制軟體結合進生產之回收再生機械設備中，並完整輸出至資源再生同行或下游廠商，提高設備附加價值，在產業價值鏈上發揮上、下游廠商垂直整合開發之資源再生機械設備（圖31）。

❖ 以循環經濟方式優化生產決策

　　翻轉塑膠粒加工資源再生業的AI解決方案，當然是以達到「智慧化循環經濟」的產業升級為目標。第一步，就是將AI應用於製程產量預測功能模組實現，然後優先導入工廠內之大宗塑膠粒再生回收產線，之後再逐步應用AI技術於其他特殊用塑膠之製程參數最佳化。

另外，導入設備聯網後，不但可達成生產資訊數位化與可視化，還能建立生產履歷追溯，並進行製程參數優化以提升產能。數位化後的廠商，則可藉由收集溫度、電流、電壓及濾網目數等生產數據，利用演算法分析來得到最佳製程參數，進而一步步朝向智慧生產邁進。

❖ 打造回收製程不斷再合理化的流程

至於廢酸液再利用產業之生產管理與製程優化，則是一個更精采的環境友善旅程。

由於廢酸液的產生與儲存攸關環境安全，因此，過往總是由工安單位在監督，同時也一定位在於工業區的角落（因為大家避之唯恐不及），所幸這幾年環境保護意識抬頭，也讓一般產業界開始正視廢棄液體的處理技術。

過去，處理廢液之生產與反應高度仰賴現場較具經驗的老師傅，不但都由他們來決定化學原料投入的比例與數量，原料加入反應槽一段時間後，還是由這些老師傅依照經驗及手掌接觸槽體而感覺到的溫度來判斷反應是否終了，再進行產品抽測。這種純靠人員經驗判斷及體感量測的模式當然不夠精確，不僅存在一定的風險，也容易間接低估了設備之產量。

這個產業的製程優化過程，是聘請有經驗的數位轉型顧問，針對回收製程進行製程弱點分析，從進料、混合、反應到調整等各階段都要求檢驗成分，以確保有效掌控再利用產品製程中的品質與製作程序。接下來，因為投入的反應原物料中，每批次清運進廠之進料品質無法穩定控制，重點便在設定詳細之進料品質監

測項目；再利用反應過程中亦須控制反應程度，避免劇烈反應，造成危險。經過製程評估後，就要加裝必要的各式感測器以建立生產記錄系統，有助於建立完整的標準作業程序，升級成穩定製程，同時精確記錄過程中的各項產出物。

❖ 走向環境韌性的第一步

以下的兩個實際案例，第一家說的就是高雄地區進行循環經濟的廢液處理工廠之數位轉型。

這是一家典型的傳產業工廠，也是「把垃圾變成黃金」的好例子，過去專門將廢酸洗液透過再利用製程生產出氯化鐵，而氯化鐵為與人類生活息息相關之化學製品，例如可以用在印刷電路板之蝕刻。這個案例，是運用 AI 將資源回收之生產線導入優化製程。

數十年來，工廠的生產過程都高度仰賴廠內較具經驗的老師傅，爬上爬下看設備，摸反應槽，幾乎完全由他們決定原物料投入的比例，如多少量的廢液需搭配多少鹽酸和多少廢鐵，這個專業經驗決定反應配方的數量、反應槽作業數量等；後來，廠方以 AI 演算法順利找出最佳的處理配方劑量與預測反應產物之品質，完成了初步的數位轉型。在實際互動的過程中我深刻體認到，現場實作結果不但降低了每個反應槽的反應時間，節省了能源的消耗，而且提高產品產量，更解決了專業人員的經驗傳承問題。

案例中的生產線流程數位化之步驟，往往是在多次訪談現場老師傅與經驗數據分析之後，雙管齊下才得來的。要是想建立一套產量預估系統，就必須提早得知目前正投入的相關生產參數是

否符合既定的生產效益標準，同時在數位化的過程中，還要把已經記錄下來的階段性生產數據（一般大多為紙本）轉換成數據資料庫，並彙整、建立成資料表與數據關聯，再進一步透過探索式資料分析解析變數，甚至有必要偵測離群值，然後再進入特徵工程，以去除原始數據中的雜訊和冗贅值，設計更有效的特徵，以描述求解的問題與預測模型之間的關係。

第二家，則是台南地區以循環經濟的方式進行廢塑膠粒資源再生的案例。

這個 AI 解決方案應用在生產管理之目的，是因為傑出的第二代接班人為了精確預估塑膠粒再生產量而進行的數位轉型。當經過數位化將紙本生產數據都傳入資料庫之後，就能掌握每小時產量的歷史數據，相當適合採用迴歸分析或監督式機器學習方法來建模，利用過去真實的記錄（答案）來修正模型，進而達到提高準確率的目標。

分析時，先利用非監督式學習的演算法來進行特徵工程，以便找到適合的特徵集。一般而言，AI 的預測是基於演算法背後的假設，不同的 AI 模型存在不同的優劣點，透過演算法預測績效進行比較，就可找出最適 AI 模型，當模型確立後，會定期產出預測報告來協助業者做商業決策，以發揮 AI 最大化效益之目的（圖32）。

圖31：典型之資源再生回收場

資源再生業 精進數位轉型

產業痛點：
　　　　在生產過程中高度依賴人員經驗的傳統生產方式
　　　　無法有效設定廢棄回收物料之製程參數
　　　　生管僅能看實際生產結果（落後指標），無法提早得知產量

數位轉型前	AI/DX 技術	數位轉型後

以人員經驗調整及確認生產反應是否完成

傳統生產過程中許多製程參數交互影響

依賴現場員工試料經驗調整

Random Forest 模型應用
及多目標最佳化

建立及蒐集產線設備數據
透過機台參數變化，預測生產是否異常，實現再生製程之產量預測

提高生產效率，降低製程時間成本
透過AI技術的輔助，避免因人員經驗差異所產生的重工時間及原料成本

提升企業形象與環境永續發展
達到理想產能區間，最佳化管理生產排程

圖32：資源再生業之數位轉型

結語

數位轉型與環境永續

❖ 明天過後

　　20年前好萊塢災難片《明天過後》（*The Day After Tomorrow*）上映，讓全世界觀眾上了震撼的一課：人類享有科技文明帶來的舒適，但是夏天一年比一年熱，冬季也愈來愈冷，區域性的乾旱或暴雨，讓人類很難預測氣候變化，意識到的時候已經來不及了⋯⋯

　　儘管片中的部分理論至今仍存在爭議，但現實上人類濫用資源加上科技的快速發展，全球氣候也隨之快速變遷，若說科技發展與全球暖化為正相關也不為過。

　　多年來，人們逐漸有一個共識「人類並非地球的主人」，說得誇張一點，人類只是一群住在這裡的管家而已。那麼溯源工業革命過後400多年來，人類努力發展文明與生產技術不斷突破，伴隨而來的卻是環境過度開發，造成了極端氣候的災難，人類也因此付出了慘痛的代價；如果我們都能擔起地球「管家」的責任，聰明治理這個環境，不任意破壞生態平衡，我們的後代才有可能繼續在地球上好好生活下去，說穿了，保護地球的最大受惠者，其實是每一個人及我們的下一代。

　　2023年12月初在杜拜召開的COP28聯合國氣候峰會中，近200個國家的代表達成了共識，承諾在未來10年內加速推動地球

的能源轉型，以實現在2050年前達成淨零排放的目標。值得注意的是，各國必須付諸實際行動，而會議期間專家與民間團體紛紛提出，應利用數位科技的力量來達成這一目標。

　　近年的全球大趨勢是淨零碳排和推動ESG，歐盟及其他先進國家為達到降低碳排放和減碳目標，皆已立法通過碳交易市場逐步取消免費的碳排放配額，同時提高對水泥、鋼鐵等產品的碳關稅。所以國內企業在運用數位科技落實數位轉型之際，更應考慮如何永續經營。

　　為了因應我國政策法規，上市櫃公司除了要撰寫「永續報告書」，規模較小的中小企業也要因應供應鏈的法定契約，向上游大廠提供真實的永續數據，並承諾實施ESG與氣候相關資訊的整合，以達成氣候風險管理。

　　愈來愈多國家的科學家及決策者相信，只要各國採取更積極的減碳行動，到2050年時，把碳排放量降低至接近1950年的水準，就有可能改變情況。這樣的舉措甚至可能避免許多國家眾多城市在本世紀末前，近半數人口居住區域被海水淹沒的災害，更不用說對經濟帶來的衝擊。

❖ 數位轉型最終章：企業永續經營

　　當國內企業積極發展以科技導入數位轉型時，兼顧環境永續經營成為一個迫切需要面對的重要議題。唯有透過這樣的努力，企業才有可能在人類享受科技帶來便利的同時，仍然能夠考慮到環境的影響，並確保企業實現永續經營的目的。以下以國外大企業兼顧環境永續的措施，提供國內正在進行數位轉型的中小型產

業參考：

1. 減少碳排放：許多企業已將減少碳排放視為永續經營的目標之一。例如，蘋果公司近年致力於實現100%可再生能源供應鏈，透過產品設計和製造流程的能源效益提升，以降低碳足跡。蘋果更鼓勵供應商也參與環境永續經營，並提供資源和支援，旨在於2030年前實現供應鏈的碳中和，目標已經取得可觀的進展。

2. 循環經濟：企業可透過循環經濟模式，最大程度地減少資源消耗和廢棄物產生。例如，耐吉（Nike）公司推出了Move to Zero計畫，致力實現生產運動產品過程中的零碳足跡和零廢棄物。他們投入大量資源研發可回收的球鞋材料，並使用回收聚酯纖維製造產品，以實現資源的循環再利用。

3. 社會影響評估：企業在發展數位科技時，應謹慎評估其對社會和環境的影響。亞馬遜（AWS）公司是一個應用「社會影響評估」的例子，以評估新科技對社區的影響，特別是雲端科技對於環境生態的友善度。這有助於確保科技發展同時最小化對當地社區和環境的負面影響。

4. 綠色供應鏈及管理：企業可以與上下游供應商共同合作，促進綠色供應鏈管理。例如，可口可樂公司實施可持續供應鏈管理計畫，要求供應商使用可再生能源，以減少溫室氣體排放和資源浪費。他們也鼓勵供應商實施可持續的農業和水資源管理方法，以維護環境的健康。

國內大型企業的永續經營轉型也有成功案例，例如中鋼在

AI 數位轉型之路上經過多年的摸索與嘗試，逐漸獲得了可觀的成績；其中大型盛鋼桶的 AI 健康度判定及無人天車輸送等，都值得讚賞。此外，台塑集團的石化業成功應用 AI 推薦製程操作，達成同時降低工安意外風險與節能減碳的目標，成為業界的典範。因此，國內企業當然可以根據其所屬行業和具體情況，制定其他永續措施，以確保實現可持續發展和環境保護的目標。

國家圖書館出版品預行編目資料

當數位轉型碰上生成式AI：臺灣150家企業轉型的策略性思維和變革實務/蔣榮先著. -- 初版. -- 臺北市：商周出版：英屬蓋曼群島商家庭傳媒股份有限公司城邦分公司發行, 2024.01

　　面；　公分. --(生活視野；39)

ISBN 978-626-390-002-8 (平裝)

1.CST: 數位化 2.CST: 數位科技 3.CST: 人工智慧 4.CST: 產業發展

312　　　　　　　　　　　　　　　　112021617

線上版讀者回函卡

當數位轉型碰上生成式AI：臺灣150家企業轉型的策略性思維和變革實務

作　　　者／蔣榮先
責任編輯／余筱嵐
編輯協力／陳正益

版　　　權／林易萱、吳亭儀
行銷業務／林秀津、周佑潔、賴正祐
總編輯／程鳳儀
總經理／彭之琬
事業群總經理／黃淑貞
發行人／何飛鵬
法律顧問／元禾法律事務所王子文律師
出　　　版／商周出版
　　　　　　臺北市 104 民生東路二段 141 號 9 樓
　　　　　　電話：(02) 25007008　傳真：(02)25007759
　　　　　　E-mail:bwp.service@cite.com.tw
發　　　行／英屬蓋曼群島商家庭傳媒股份有限公司城邦分公司
　　　　　　台北市中山區民生東路二段141號2樓
　　　　　　書虫客服服務專線：02-25007718；25007719
　　　　　　服務時間：週一至週五上午09:30-12:00；下午13:30-17:00
　　　　　　24小時傳真專線：02-25001990；25001991
　　　　　　劃撥帳號：19863813；戶名：書虫股份有限公司
　　　　　　讀者服務信箱：service@readingclub.com.tw
　　　　　　城邦讀書花園：www.cite.com.tw
香港發行所／城邦（香港）出版集團有限公司
　　　　　　香港九龍九龍城土瓜灣道86號順聯工業大廈6樓A室　E-mail: hkcite@biznetvigator.com
　　　　　　電話：(852) 25086231　傳真：(852) 25789337
馬新發行所／城邦（馬新）出版集團【Cite (M) Sdn Bhd】
　　　　　　41, Jalan Radin Anum, Bandar Baru Sri Petaling, 57000 Kuala Lumpur, Malaysia.
　　　　　　電話：(603) 90578822　傳真：(603) 90576622
　　　　　　Email: cite@cite.com.my

封面設計／李東記
排　　　版／芯澤有限公司
印　　　刷／韋懋印刷事業有限公司
總經銷／聯合發行股份有限公司
　　　　　　電話：(02)2917-8022　傳真：(02)2911-0053
　　　　　　地址：新北市231新店區寶橋路235巷6弄6號2樓

■ 2024 年 1 月 11 日初版

定價 480 元

Printed in Taiwan

城邦讀書花園
www.cite.com.tw